校企合作装备制造类专业精品教材

电力电子技术

主审　曹志良
主编　刘　丽　袁　伟　胡亚男

内容提要

本书共有六个项目，包括常用电力电子器件、整流电路、逆变电路、直流变流电路、交流变流电路、电力电子电路的保护措施和控制电路。

本书结构编排合理，内容系统全面，突出了实用性，注重培养学生的综合技能，可作为各类院校电力技术类、新能源发电工程类、机电设备类、自动化类、轨道装备类等专业学生的教材。

图书在版编目（CIP）数据

电力电子技术 / 刘丽，袁伟，胡亚男主编. -- 上海 : 上海交通大学出版社，2025. 1. -- ISBN 978-7-313-32195-4

Ⅰ. TM76

中国国家版本馆 CIP 数据核字第 20252P3S12 号

电力电子技术

DIANLI DIANZI JISHU

主　　编：刘　丽　袁　伟　胡亚男

出版发行：上海交通大学出版社　　地　　址：上海市番禺路 951 号

邮政编码：200030　　电　　话：021-64071208

印　　制：北京谊兴印刷有限公司　　经　　销：全国新华书店

开　　本：787 mm×1092 mm　1/16　　印　　张：12.5

字　　数：289 千字

版　　次：2025 年 1 月第 1 版　　印　　次：2025 年 1 月第 1 次印刷

书　　号：ISBN 978-7-313-32195-4　　电子书号：ISBN 978-7-89564-140-2

定　　价：45.00 元

前言 PREFACE

电力电子技术作为电力技术、电子技术与控制技术相结合的产物，已成为现代电力系统中不可或缺的一部分。它不仅提高了电力系统的运行效率和控制精度，还为可再生能源的大规模接入和智能化管理提供了可能，从而有力推动了整个能源行业的转型升级。目前，电力电子技术普遍应用于电能变换的各种场合，而在智能电网、新能源汽车和工业自动化等新兴领域，电力电子技术的应用也越来越广。为满足各行业对相关专业技术人才的需求，编者精心编写了本书。

本书主要具有以下特色。

1．素质教育，立德树人

党的二十大报告指出："育人的根本在于立德。"本书积极践行"立德树人，德技并修"的教育理念，在每个项目的开头明确了"素质目标"。在讲解相关知识时设置了"砥节砺行"模块，让学生在学习理论知识的同时了解先进人物事迹和行业发展态势，以促使学生养成良好的职业道德、工作作风，增强团队协作意识，培养学生爱岗敬业、精益求精、守正创新、甘于奉献的职业素养和工匠精神，从而帮助学生树立正确的世界观、人生观、价值观。

2．校企合作，工学结合

在编写本书的过程中，编者获得了多位电力电子技术方面专家和一线工作人员的大力支持，充分考虑了相关岗位的实际技能需求，在内容组织上遵循"理论够用、实用为主"的原则，在保证学科知识的系统性、规范性和准确性的同时，突出电力电子技术相关技能的培养。

3．活页理念，全新形态

为落实教育主管部门有关文件精神，满足新时代职业教育教学改革要求，本书采用"活页式理念"进行编写，坚持以应用为主线，在传授学生理论知识的同时，还着力培养学生的专业技能，塑造学生的职业品格，旨在培养既懂理论又擅实践的高素质人才。

4．任务驱动，理实一体

本书采用项目任务式体例进行编写，根据实际内容划分为多个项目，每个项目又设有多个任务，每个任务按照任务引入→任务工单→相关知识的结构安排内容。

任务引入：以情景案例的形式引出实际的工作任务，在激发学生学习兴趣的同时，让学生对本任务有一个初步的认识。

任务工单：让学生在实践中学习理论知识，并进一步融会贯通，以实现“做中学，学中做”的一体化教学思想，最大限度地培养学生自主学习的能力和分析、解决实际问题的能力。

相关知识：作为任务工单的理论支撑，主要介绍常用电力电子器件的基础知识，以及基本电力电子电路的结构和工作原理等。

此外，本书还在每个项目结尾设置了“综合测试”“学习成果评价”，以便于学生在每个项目学习结束后及时巩固所学知识，同时指导教师可从知识、技能和素养三个方面对学生进行综合评价，以检验学生学习成果的转化情况。

5．模块丰富，助力学习

本书在每个项目中穿插了“点拨”“创想天地”等模块，以帮助学生理解和应用相关知识，拓展创新思维；在关键节点设置了随堂笔记，以引导学生在学习和实践过程中记录相关经验和感想，巩固学习成果。

6．平台支撑，资源丰富

本书配有丰富的数字资源，读者可借助手机或其他移动设备扫描二维码观看微课视频，也可登录文旌综合教育平台“文旌课堂”查看和下载本书配套资源，如教学课件和习题答案等。读者在学习过程中有任何疑问，都可登录该平台寻求帮助。

此外，本书还提供了在线题库，支持“教学作业，一键发布”，指导教师只需通过微信或“文旌课堂”App 扫描扉页二维码，即可迅速选题、一键发布、智能批改，并查看学生的作业分析报告，提高教学效率、提升教学体验。学生可在线完成作业，巩固所学知识，提高学习效率。

本书由曹志良担任主审，刘丽、袁伟、胡亚男担任主编，侯海文、史旭飞、刘小妹、常永泉、杨桂林、张民生、温彬彬、李应生、黄立权担任副主编。由于编者水平有限，书中难免存在疏漏和不妥之处，诚请广大读者批评指正。

特别说明：

（1）本书在编写过程中，参考了大量资料并引用了部分文章和图片。这些引用的资料大部分已获授权，但由于部分资料来自网络，我们暂时无法联系到原作者。对此，我们深表歉意，并欢迎原作者随时与我们联系，我们将按规定支付酬劳。

（2）本书没有注明资料来源的案例均为编者根据真实事件改编。

片　头

本书配套资源下载网址和联系方式

网址：https://www.wenjingketang.com

电话：400-117-9835

邮箱：book@wenjingketang.com

目录
CONTENTS

绪论

0.1 电力电子技术的基本概念

电力电子技术是指利用电力电子器件对电能进行变换和控制的技术，它将电力技术、电子技术与控制技术相结合，是应用于电力领域的电子技术。

电力电子技术可分为电力电子器件制造技术和变流技术两个分支。其中，电力电子器件制造技术是电力电子技术的基础，其理论基础是半导体物理学；变流技术是电力电子技术的核心，其理论基础是电路理论。变流技术包括用电力电子器件构成各种电力变换电路和对这些电路进行控制的技术，以及用这些电路构成电力电子装置和系统的技术。

变流是指利用电力电子器件使电能的一个或多个特性（如电压、相数、频率等）发生变化，而不产生可观功率损耗的过程。

0.2 电力电子技术主要研究的内容

电力电子技术主要研究电力电子器件、电力电子电路和电力变换三方面的内容。

0.2.1 电力电子器件

电力电子器件又称电力半导体器件，是指主要用于电力系统的半导体器件，它包括各种电力二极管、晶闸管、电力晶体管、半导体模块、组件等。

1. 电力电子器件的分类

电力电子器件的种类很多且特点各异，通常可按开关控制特性、载流子参与导电情况等进行分类。

1）按开关控制特性分类

根据开关控制特性的不同，电力电子器件可分为不可控器件、半控型器件和全控型器件三种。

（1）不可控器件是指开通状态（简称通态）和关断状态（简称断态）无法通过控制信号控制，而仅由其在电路中所承受的电流、电压等控制的电力电子器件。

（2）半控型器件是指通过控制信号只能控制其开通，而不能控制其关断的电力电子器件。

（3）全控型器件是指通过控制信号既能控制其开通，又能控制其关断的电力电子器件。

根据控制信号性质的不同，半控型器件和全控型器件还可分为电流控制型器件和电压控制型器件两种。

2）按载流子参与导电的情况分类

根据内部自由电子和空穴两种载流子参与导电情况的不同，电力电子器件可分为单极型器件、双极型器件和复合型器件三种。

（1）单极型器件是指内部只有电子或只有空穴参与导电的电力电子器件。

（2）双极型器件是指内部同时有电子和空穴参与导电的电力电子器件。

（3）复合型器件是指由单极型器件和双极型器件复合而成的电力电子器件。

2. 电力电子器件的特征

电力电子器件主要具有以下特征。

（1）变换大功率电能（大电压和大电流）的能力强，这是电力电子器件的重要特征。电力电子器件可变换兆瓦级功率的电能，且适用的功率范围远大于用于信息处理的电子器件。

（2）为减小自身的功率损耗，电力电子器件一般都工作在开关状态。在此状态下，电力电子器件在开通时阻抗很小，接近于短路，电压降接近于零，而通过的电流由外电路决定；在关断时阻抗很大，接近于断路，通过的电流几乎为零，而两端的电压由外电路决定。

（3）在实际应用中，电力电子器件往往需要由信息电子电路来控制。

（4）电力电子器件自身的功率损耗远大于用于信息处理的电子器件，因此为防止功率损耗产生的热量使其因温度过高而损坏，在封装设计时要考虑电力电子器件的散热问题，在使用时一般还要为其安装散热器。

点 拨

由于电力电子器件所变换的电能功率较大，信息电子电路的信号一般不能直接用于控制电力电子器件的开通或关断，因此电力电子电路需要一定的中间电路对信号进行放大，这就是驱动电路的作用。

3. 电力电子器件的功率损耗

电力电子器件在工作时的功率损耗主要有通态损耗、断态损耗和开关损耗三种。其中，电力电子器件在开通时有一定的通态电压降，从而形成通态损耗；电力电子器件在关断时有微小的断态漏电流，从而形成断态损耗；电力电子器件在开通和关断过程中产生的开通损耗和关断损耗合称开关损耗。

通常电力电子器件的断态漏电流极小，因而通态损耗是电力电子器件功率损耗的主要成分。而当电力电子器件开关频率较高时，开关损耗会随之增大，逐渐成为电力电子器件功率损耗的主要成分。对于某些电力电子器件，驱动电路在输入电能的过程中也会产生功率损耗。

0.2.2 电力电子电路

如图 0-1 所示，电力电子电路主要由主电路、控制电路、驱动电路和检测电路 4 部分组成。

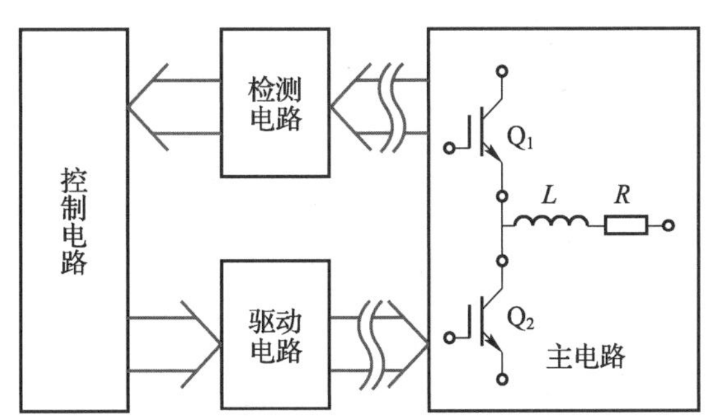

图 0-1　电力电子电路的组成

（1）主电路是实现电力变换的主体，主要由电力电子器件按照一定的要求组成特定的结构，通过电力电子器件自身的开通和关断来实现电力变换，从而将电源的电能变换为负载所需要的形式。

（2）控制电路一般由信息电子电路组成，可按照电力电子电路的工作要求输出控制信号。

（3）驱动电路是主电路和控制电路之间的纽带，可将控制电路产生的信号按照一定的要求，变换为可使电力电子器件开通或关断的信号，并将这些信号通过光、磁等形式进行传递，从而使控制电路与主电路实现电气隔离。

（4）检测电路用于检测主电路或应用现场的状态，并将这些状态信息反馈给控制电路。

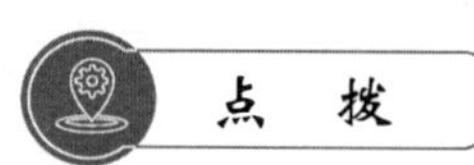

点 拨

通常，人们会在主电路和控制电路中设置一些保护电路，以保证电力电子器件和整个电力电子电路的可靠运行。

0.2.3 电力变换

电能分为直流（direct current, DC）和交流（alternating current, AC）两种。其中，直流电的方向不会随时间的变化而变化，而交流电的方向会随时间的变化而变化。

在日常生活中，大型用电设备一般使用的是交流电。而常用的家用电器和数码产品虽然接入的是交流电，但其内部电路使用的却是直流电。某些电路还会交替使用交流电与直流电。因此，为满足不同的用电要求，需要进行电力变换。电力变换主要分为交流变直流、直流变交流、直流变直流、交流变交流四种类型，如表 0-1 所示。

表 0-1 电力变换的主要类型

输入	输出	电力变换的类型
AC	DC	整流
DC	AC	逆变
DC	DC	直流斩波、间接直流变流
AC	AC	交流调压、变频

0.3 电力电子技术的应用

自第一个晶闸管诞生以来，电力电子技术随着半导体技术的发展，先后经历了晶闸管时代、全控型器件时代和电力电子集成电路时代。目前，电力电子技术已深入人类生活的方方面面，在发电、输电和用电领域都得到了广泛应用。

（1）在发电领域，电力电子技术不仅广泛应用于传统发电机组的多种设备，而且已成为太阳能、风能等清洁能源发电并网的关键，它们为发电系统的高效、安全、稳定运行提供了可靠保证。

（2）在输电领域，电力电子技术广泛应用于输电系统的无功补偿和谐波抑制设备，可有效提高输电的稳定性，改善电能质量。对于在长距离、大容量输电方面具有很大优势的直流输电，其送电端的整流阀、受电端的逆流阀等关键部件都采用了电力电子技术。

（3）在用电领域，电力电子技术的应用随处可见。例如，节能灯、空调、洗衣机、电冰箱、微波炉等生活电器的电源部分都是采用电力电子技术对电能进行整流、变频的，轨道交通机车的电力牵引、电动汽车的充电和驱动控制也都离不开电力电子技术，工业生产中各种交、直流电动机都是采用电力电子技术进行调速的，有些电气设备为避免启动时电流冲击过大而采用的软启动装置也是电力电子技术的一种典型应用。

电力电子技术的广泛应用，从根本上提高了电能的使用效率，在构建清洁低碳、安全高效的能源体系，助力产业升级和结构优化，促进生产生活方式绿色变革等方面，将继续发挥重要的作用。

项目1 常用电力电子器件

项目导读

在电力系统中，电力电子器件因开关速度快、变换精度高和使用寿命长而备受重视，它是电力电子技术发展和应用的基础。电力电子器件的种类众多且特点各异，常用的有电力二极管、晶闸管及其派生器件、电力晶体管、电力场效应晶体管、绝缘栅双极晶体管等。

本项目主要介绍常用电力电子器件的工作原理和主要特性，并简要介绍它们的选用方法。

知识目标

- 掌握电力二极管和晶闸管的工作原理和主要特性。
- 熟悉电力二极管和晶闸管的选用方法。
- 了解其他半控型电力电子器件。
- 熟悉门极可关断晶闸管、电力晶体管和电力场效应晶体管的工作原理、主要特性和选用方法。
- 掌握绝缘栅双极晶体管的工作原理和主要特性。
- 熟悉绝缘栅双极晶体管的选用方法。

技能目标

- 能测试晶闸管的动态特性。
- 能测试 IGBT 的特性。

素质目标

- 树立科技报国、科技强国的理想信念。

任务1.1 认识不可控和半控型电力电子器件

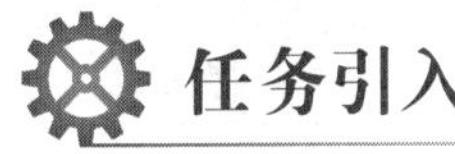

任务引入

晶闸管是晶体闸流管的简称，又称可控硅，它是基本的半控型电力电子器件。自1956年诞生以来，晶闸管广泛应用于交流变直流的整流电路中，并由此拉开了电力电子技术迅速发展的序幕。它由于能以较小的功率控制大功率电力电子装置和设备，且具有很高的工作可靠性，因此在大功率电路中占有非常重要的地位。例如，晶闸管可用作电饭煲、微波炉、洗衣机等电器的开关，还可用于电器的电压调节和功率控制，以提高电器的使用便利性和节能效果。

常见的晶闸管有螺栓式、模块式、平板式、片状式等类型，如图1-1所示。晶闸管有3个引脚，分别是阳极A、阴极K和门极G。请选择合适的工具和器材，判断晶闸管各引脚的极性，并测试晶闸管的动态特性。

（a）螺栓式

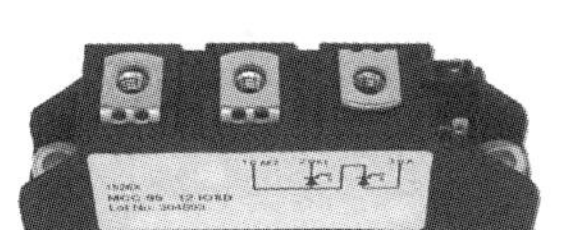

（b）模块式

（c）平板式

（d）片状式

图1-1 常见的晶闸管

本任务的知识与技能要求如表1-1所示。

表1-1 知识与技能要求

任务内容	认识不可控和半控型电力电子器件	学习程度		
		识记	理解	应用
学习任务	电力二极管		●	
	晶闸管		●	
	其他半控型电力电子器件	●		
实训任务	测试晶闸管的动态特性			●
自我勉励				

任务工单——测试晶闸管的动态特性

测试晶闸管的动态特性

1. 知识准备

晶闸管的电气图形符号和内部结构如图 1-2 所示。其中，门极 G 和阴极 K 之间有一个 PN 结，它具有单向导电性，即正向电阻小、反向电阻大；而阳极 A 和阴极 K 之间、阳极 A 和门极 G 之间的正、反向电阻都很大。因此，可通过测量各引脚之间的电阻来判断晶闸管各引脚的极性。

测试晶闸管的动态特性主要是测试晶闸管的开通特性和关断特性。晶闸管的动态特性测试电路如图 1-3 所示。其中，E_1 和 E_2 为直流稳压电源，VT 为晶闸管，R_p 为电位器，EL 为白炽灯。测试时，晶闸管阳极 A 和阴极 K 之间的电压称为阳极电压，用 U_A 表示；门极 G 和阴极 K 之间的电压称为门极电压，用 U_G 表示；通过阳极 A 的电流称为阳极电流，用 I_A 表示；通过门极 G 的电流称为门极电流，用 I_G 表示。

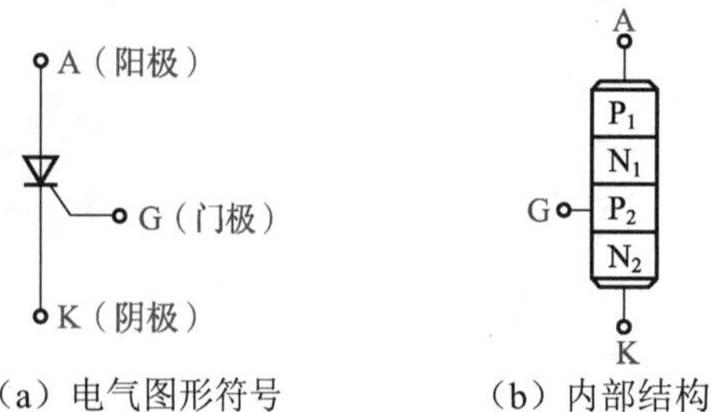

（a）电气图形符号　（b）内部结构

图 1-2　晶闸管的电气图形符号和内部结构

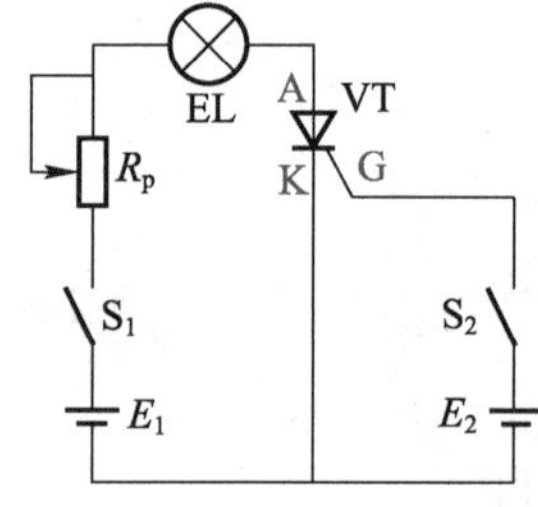

图 1-3　晶闸管的动态特性测试电路

2. 工具和器材准备

准备任务实施所需的工具和器材，补全表 1-2。

表 1-2　工具和器材清单

名称	规格	型号	数量	名称	规格	型号	数量
直流稳压电源			2 路	电位器			1 个
指针式万用表			1 台	开关			2 组
白炽灯	12 V		1 组	导线			若干
晶闸管			1 个				

3．任务实施

1）判断晶闸管各引脚的极性

将指针式万用表置于电阻挡，用红、黑两表笔分别测量晶闸管任意两引脚之间的正、反向电阻，直至指针式万用表的读数为几十欧姆。此时，黑表笔所接引脚为门极G，红表笔所接引脚为阴极K，另一引脚为阳极A。

点拨

将指针式万用表置于电阻挡，分别测量晶闸管阳极A与门极G之间、阳极A与阴极K之间的电阻，此时无论红、黑表笔怎样调换位置测量，指针式万用表的读数均应为无穷大。否则，说明该晶闸管已经损坏。

2）测试晶闸管的开通特性

按图1-3连接电路，断开S_1、S_2，然后按以下步骤进行测试，将测试结果记录在表1-3中。

（1）闭合S_1，为晶闸管施加12 V的正向U_A，观察白炽灯的状态。

（2）断开S_1，然后闭合S_1、S_2，为晶闸管施加12 V的正向U_A和5 V的正向U_G，观察白炽灯的状态。

（3）断开S_1、S_2，反转E_2的极性，然后闭合S_1、S_2，为晶闸管施加12 V的正向U_A和5 V的反向U_G，观察白炽灯的状态。

（4）断开S_1、S_2，反转E_1的极性，然后闭合S_1，为晶闸管施加12 V的反向U_A，观察白炽灯的状态。

（5）断开S_1，然后闭合S_1、S_2，为晶闸管施加12 V的反向U_A和5 V的反向U_G，观察白炽灯的状态。

（6）断开S_1、S_2，反转E_2的极性，然后闭合S_1、S_2，为晶闸管施加12 V的反向U_A和5 V的正向U_G，观察白炽灯的状态。

表1-3　晶闸管开通特性的测试结果

测试步骤	测试前白炽灯的状态	测试时晶闸管的状态		测试后白炽灯的状态
		U_A	U_G	
1	熄灭	正向	零	
2	熄灭	正向	正向	
3	熄灭	正向	反向	
4	熄灭	反向	零	
5	熄灭	反向	反向	
6	熄灭	反向	正向	

3）测试晶闸管的关断特性

按图 1-3 连接电路，闭合 S_1、S_2，为晶闸管施加 12 V 的正向 U_A 和 5 V 的正向 U_G 使白炽灯亮起，然后按以下步骤进行测试，将测试结果记录在表 1-4 中。

（1）断开 S_2，观察白炽灯的状态。

（2）反转 E_2 的极性，然后闭合 S_2，观察白炽灯的状态。

（3）断开 S_2，调节 R_p 使 I_A 逐渐减小，观察白炽灯的状态，并用指针式万用表测量白炽灯状态发生变化时 I_A 的值。

表 1-4　晶闸管关断特性的测试结果

测试步骤	测试前白炽灯的状态	测试时晶闸管的状态		测试后白炽灯的状态
		U_A	U_G	
1	亮起	正向	零	
2	亮起	正向	反向	
3	亮起	正向逐渐减小	零	

结论：

（1）晶闸管的开通条件：为晶闸管施加________（正向/反向）U_A 和________（正向/反向）U_G。

（2）在晶闸管开通后维持阳极电压不变，此时，如果将门极触发电压撤除，晶闸管处于________（开通/关断）状态，即门极对晶闸管________（有/无）控制作用。

（3）晶闸管的关断条件为通过晶闸管的电流小于________。

（4）上述测试中，晶闸管在关断过程中的阳极电流是通过________（增大/减小）负载电阻来实现的。

创想天地

晶闸管在电力电子电路中一般起开关作用。请根据晶闸管的开通和关断条件，分析晶闸管的应用场合，列举晶闸管的实际应用案例。

4．任务评价

请指导教师按照学生的实际表现情况进行评分，并将评分结果填入表 1-5 中。

表 1-5　考核评价表

评价项目	评价标准	满分/分	实际得分/分	指导教师评语
技能操作	能正确判断晶闸管各引脚的极性	15		
	能正确连接晶闸管的动态特性测试电路	15		
	能正确测试晶闸管的开通特性	25		
	能正确测试晶闸管的关断特性	25		
参与程度	认真参加活动，积极思考，主动与同学、指导教师进行交流，善于发现和解决问题	10		
合作意识	积极参与探讨，勇于接受任务，敢于承担责任，团结协作，组织和协调能力强	10		
总分		100		

1.1.1　电力二极管

电力二极管是指可承受大电压、大电流并具有较大耗散功率的二极管，它是一种不可控电力电子器件。与用于信息处理的二极管类似，电力二极管也是基于 PN 结制成的。将 PN 结封装在外壳中并引出两个电极引脚，就可构成一个电力二极管。常见的电力二极管有螺栓式、平板式等类型，如图 1-4 所示。

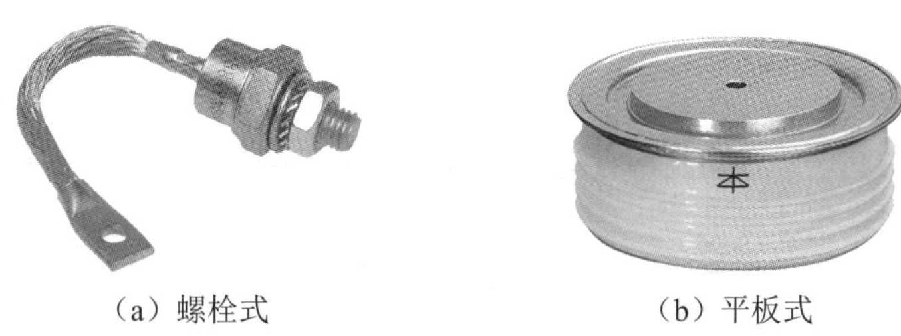

（a）螺栓式　　（b）平板式

图 1-4　常见的电力二极管

1. 电力二极管的工作原理

电力二极管的电气图形符号和内部结构如图 1-5 所示。其中，“+”表示半导体的高掺杂浓度区域，“−”表示半导体的低掺杂浓度区域。与用于信息处理的二极管的 PN 结不同，电力二极管的 PN 结通常采用垂直导电结构，即电流在硅片内流动的总体方向垂直于硅片表面，从而显著提高了电流的流通能力；而且 PN 结的 P^+ 区和 N^+ 区之间存在 N^- 区，在保持 PN 结开通的同时可为多子的扩散提供缓冲区域，从而使电力二极管能承受更大的反向电压，满足其在大功率场合的使用要求。

（a）电气图形符号　　（b）内部结构

图 1-5　电力二极管的电气图形符号和内部结构

虽然 N^- 区有助于电力二极管承受更大的反向电压，但是其所具有的大电阻不利于电流的正向开通，这个矛盾可通过电导调制效应来解决。

当电力二极管 PN 结中流过的正向电流较小时，二极管内的电阻主要是 N^- 区的电阻，阻值较大且为常量，因此正向电压将随着正向电流的增大而增大。随着 PN 结中正向电流的增大，空穴由 P^+ 区注入并积累在 N^- 区，N^- 区空穴的浓度逐渐增大。此时，为维持 PN 结的电中性，N^- 区多子的浓度也会相应增大，从而使 N^- 区的电导率增大、电阻减小，这就是电导调制效应。

2．电力二极管的主要特性

电力二极管的主要特性包括静态特性和动态特性两类。其中，静态特性是指电力二极管的伏安特性，动态特性是指电力二极管在通态和断态转换过程中电压、电流随时间变化的特性。

1）静态特性

如图 1-6 所示为电力二极管的伏安特性曲线。电力二极管的伏安特性分为正向特性和反向特性两部分。其中，正向是指直流电流沿电力二极管低阻流动的方向，反向是指直流电流沿电力二极管高阻流动的方向。

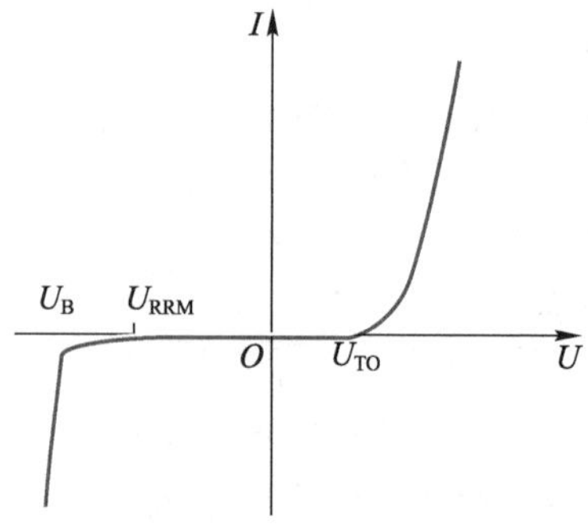

图 1-6　电力二极管的伏安特性曲线

（1）正向特性。

当施加在电力二极管上的正向电压小于门槛电压 U_{TO} 时，电力二极管呈现较大的电阻，通过电力二极管的正向电流 I_F 很小，几乎为零；而当施加在电力二极管上的正向电压增大到U_{TO}时，电力二极管呈现很小的电阻，I_F明显增大，电力二极管处于通态。由I_F所产生的电力二极管两电极之间的电压称为电力二极管的正向电压，用U_F表示。

电力二极管长期处于通态时，I_F在一个周期内的平均值称为正向平均电流，用$I_{F(AV)}$表示，它是电力二极管的额定电流。

点　拨

> 在进行电路分析时，对于直流电路，其电压和电流一般采用平均值；对于交流电路，其电压和电流必须采用有效值；对于负载，其电压和电流通常采用有效值。为方便分析，本书用u、i表示电压和电流的瞬时值，用U、I表示电压和电流的平均值或有效值。

（2）反向特性。

当施加在电力二极管上的反向电压U_R较小时，只有由少子引起的微小且数值恒定的反向电流I_R通过电力二极管，此时电力二极管处于断态。而当U_R超过一定限值时，I_R会急剧增大，从而造成电力二极管反向击穿。造成反向击穿的反向电压称为反向击穿电压，用$U_{(BR)}$表示。

2）动态特性

（1）开通特性。

电力二极管的开通特性是指电力二极管由断电状态转为正偏的过程中电流和电压之间的关系。如图1-7所示为电力二极管的开通特性曲线，电力二极管由断电状态转为正偏后，U_F首先会出现一个过冲，在达到正向峰值电压U_{FP}后再经过一段时间才趋于稳定。这一动态过程所用时间即正向恢复时间t_{fr}。

（2）关断特性。

电力二极管的关断特性是指电力二极管由正偏转为反偏的过程中电流和电压之间的关系。如图1-8所示为电力二极管的关断特性曲线，其中t_F为下降时刻，即电力二极管的外加电压从正向转为反向的时刻。从t_F开始，I_F在外加反向电压的作用下开始减小，并在t_0时刻减小为零，而此时U_F会因P结两侧储存了大量少子而基本不变。

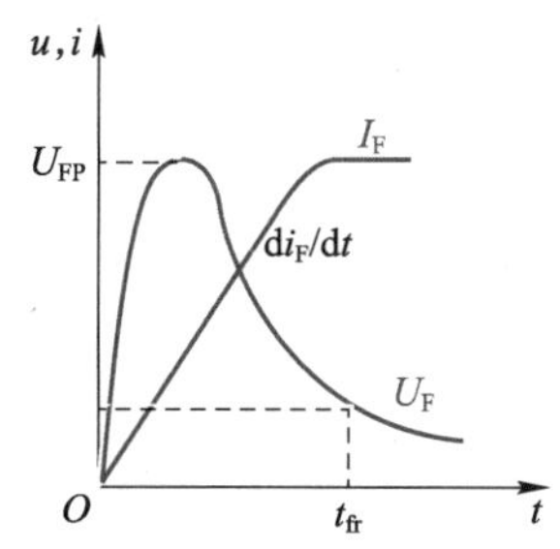

图1-7　电力二极管的开通特性曲线

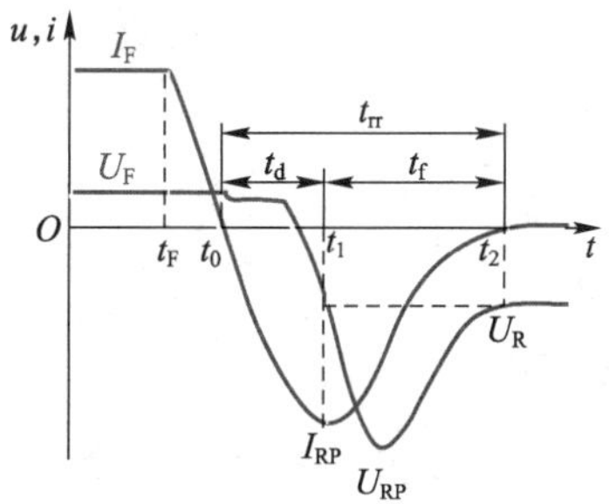

图1-8　电力二极管的关断特性曲线

t_0 时刻后，I_F 转为反向，U_F 则随着 PN 结两侧储存的少子被抽取而减小，并在少子即将被抽尽时迅速转为反向。在 t_1 时刻，PN 结两侧储存的大量少子被抽尽，I_F 达到反向峰值电流 I_{RP}，随后 U_F 达到反向峰值电压 U_{RP}。在 t_2 时刻，I_F 减小为零，U_F 趋于稳定，$U_F = U_R$。此时，电力二极管获得反向阻断能力，从而进入断态。电力二极管自 I_F 减小至零时起，到恢复反向阻断能力所需要的时间为反向恢复时间 t_{rr}，$t_{rr} = t_d + t_f$。其中，t_d 称为延迟时间，t_f 称为电流下降时间。

点　拨

t_f 与 t_d 之比称为反向恢复系数，用 S 表示，即 $S = t_f / t_d$。S 越小，电力二极管反向恢复速度越快。

3）结电容对电力二极管的影响

电力二极管 PN 结两侧的电荷量会随外加电压的变化而变化，即 PN 结呈现电容特性，因此形成了结电容 C_J。根据产生机制和作用的不同，C_J 可分为势垒电容 C_B 和扩散电容 C_D 两部分。

C_B 只有在 PN 结的外加电压变化时起作用，外加电压的频率越高，C_B 所起的作用越明显，并且 C_B 的大小与 PN 结的横截面积成正比，与阻挡层（即空间电荷区）的厚度成反比。当电力二极管的正向电压较低时，C_B 为 C_J 的主要成分且 C_B 随着正向电压的增大而减小，随着反向电压的增大而增大；C_D 仅在 PN 结正偏时起作用，当正向电压较高时，C_D 为 C_J 的主要成分。

C_J 会影响 PN 结的工作频率，特别是在高速开关状态下，C_J 可能导致 PN 结的单向导电性变差，甚至使 PN 结不能工作。因此，C_J 限制了电力二极管工作频率的提高。

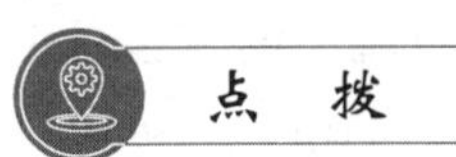

点　拨

除 C_J 外，结温也对电力二极管的性能有很大影响。结温是指电力二极管中 PN 结的平均温度，用 T_J 表示。而最高工作结温 T_{JM} 是指电力二极管在 PN 结不损坏的前提下所能承受的最高平均温度，通常为 125～175 ℃。

3．电力二极管的选用

选用电力二极管时，一般考虑以下方面。

1）额定电流的确定

由于 $I_{F(AV)}$ 是按照电流的发热效应来定义的，因此 $I_{F(AV)}$ 要按有效值相等的原则来选定。在实际应用中，应确保所选电力二极管的 $I_{F(AV)}$ 大于实际通过电力二极管的电流有效值，并预留一定的裕量（通常为实际电流有效值的 1.5～2 倍）。

2）额定电压的确定

电力二极管的额定电压通常为反向重复峰值电压 U_{RRM}，它是电力二极管所能重复承受的最高反向峰值电压，通常为 $U_{(BR)}$ 的 2/3。为保证使用安全，一般会按照电力二极管反向工作峰值电压 U_{RWM} 的两倍来确定 U_{RRM}。

1.1.2　晶闸管

晶闸管是一种理想的大功率电力电子器件，它能以较小的电流控制数千安的电流和数千伏的电压，广泛应用于整流、逆变、交流调压、直流变换等场合。

1．晶闸管的工作原理

如图 1-9（a）所示，如果在晶闸管的内部取一个倾斜的截面，则可将具有四层三端结构的晶闸管分成一个 PNP 型晶体管和一个 NPN 型晶体管，其内部等效结构如图 1-9（b）所示。下面以图 1-10 所示的晶闸管的工作电路为例，对晶闸管的工作原理进行介绍。

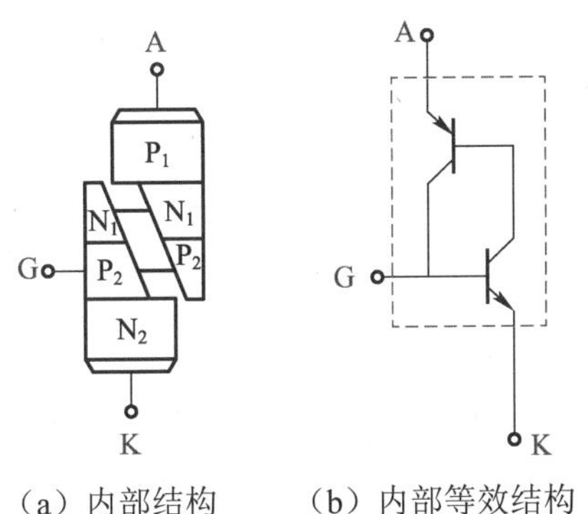

（a）内部结构　　（b）内部等效结构

图 1-9　晶闸管的内部等效结构

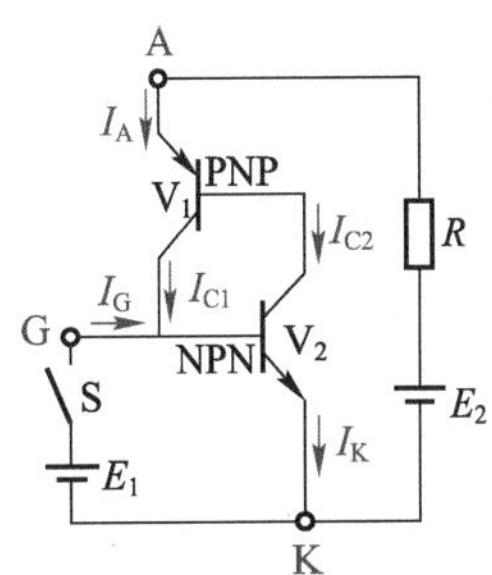

图 1-10　晶闸管的工作电路

当 S 断开时，E_2 向晶闸管施加正向 U_A，但 E_1 断路，晶闸管的 U_G 为零，门极无电流注入，因此晶闸管不会开通，处于断态。

当 S 闭合时，E_1 向晶闸管施加 U_G，I_G 从门极注入晶体管 V_2 的基极，使晶体管 V_2 产生集电极电流 I_{C2}（$I_{C2}=\beta_2 I_G$，其中 β_2 表示晶体管 V_2 的电流放大倍数）；而 I_{C2} 又是晶体管 V_1 的基极电流，因此晶体管 V_1 产生了集电极电流 I_{C1}（$I_{C1}=\beta_1 I_{C2}=\beta_1\beta_2 I_G$，其中 β_1 表示晶体管 V_1 的电流放大倍数）；I_{C1} 流入晶体管 V_2 的基极，又进一步增大了晶体管 V_2 的基极电流。如此循环，晶闸管内部形成了强烈的正反馈，使晶体管 V_1 和 V_2 很快进入完全饱和状态，晶闸管将处于通态。

晶闸管一旦开通，即使断开 S，使晶闸管的门极无电流注入，晶闸管在内部正反馈的作用下仍将保持通态，因此晶闸管属于半控型器件。晶闸管开通后，若要关断晶闸管，则应使其 I_A 减小到维持晶闸管通态所必需的最小电流之下，这个最小电流称为维持电流，用 I_H 表示。I_H 与晶闸管的结温有关，结温越高，I_H 越小。

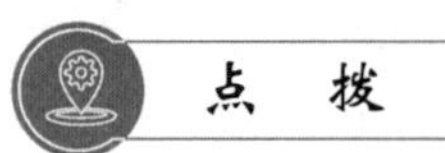

关断晶闸管可采用的方法如下。

（1）使晶闸管 I_A 减小，使其小于 I_H，或去掉 U_A。

（2）向晶闸管输入一定限度的反向 U_A，使晶闸管处于反向阻断状态。

2．晶闸管的主要特性

1）静态特性

晶闸管的静态特性是指其在正常工作时，U_A 和 I_A 之间的关系，即晶闸管阳极的伏安特性，其曲线如图 1-11 所示。其中，I_G 为参量，$U_{(BO)}$ 为正向转折电压，$U_{(BR)}$ 为反向击穿电压。

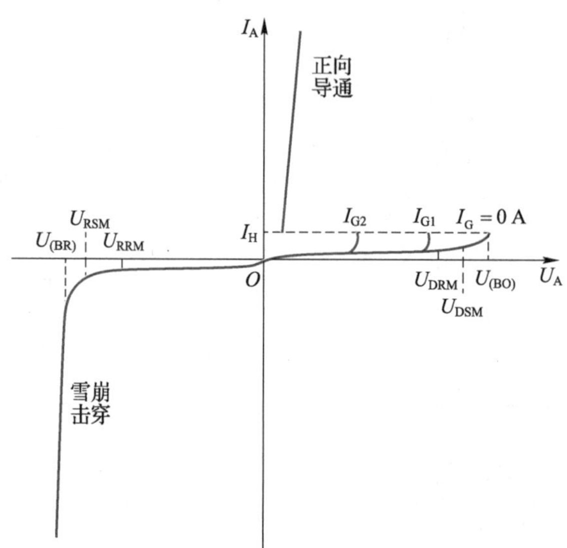

图 1-11 晶闸管的静态特性曲线

当 $I_G = 0$ A 时，给晶闸管施加正向 U_A，晶闸管只有很小的正向漏电流通过，晶闸管处于断态。

当 U_A 大于 $U_{(BO)}$ 时，静态特性曲线经负阻区（水平虚线下方）过渡到低阻区，此时 U_A 变得很小，正向 I_A 急剧增大，晶闸管处于通态，此时的阳极电压称为通态电压 U_T，即晶闸管开通时的管压降。

晶闸管一旦开通，门极便失去了控制作用，此时不论门极是否存在I_G，晶闸管都将保持开通。晶闸管开通后便可移除触发电压，此时能保持晶闸管开通所需的最小I_A称为擎住电流，用I_L表示。I_L通常是维持电流I_H的2～4倍。当门极断路且结温为额定值时，允许重复施加在晶闸管上的正向峰值电压称为断态重复峰值电压U_{DRM}，U_{DRM}为断态不重复峰值电压U_{DSM}的90%；而U_{DSM}通常小于$U_{(BO)}$，在选用时应留有一定的裕量。当门极断路且结温为额定值时，允许重复施加在晶闸管上的反向峰值电压称为反向重复峰值电压U_{RRM}，U_{RRM}为反向不重复峰值电压U_{RSM}的90%。

当晶闸管处于反向阻断状态时，只有极小的反向漏电流通过；当反向U_A超过$U_{(BR)}$后，外电路若无限制措施，则反向I_A将急剧增大，会使晶闸管因温度过高而损坏。

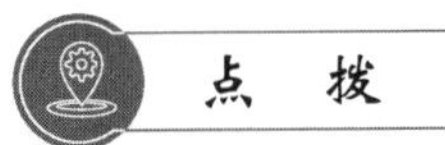

晶闸管在$I_G=0$ A的情况下开通的方式称为“硬开通”。次“硬开通”会导致晶闸管永久性损坏，因此晶闸管一般采用门极触发方式，即在晶闸管的门极输入足够大的I_G，使晶闸管开通。I_G越大，$U_{(BO)}$越小。

2）动态特性

如图1-12所示为晶闸管的动态特性曲线，其中I_{RM}为反向恢复峰值电流。

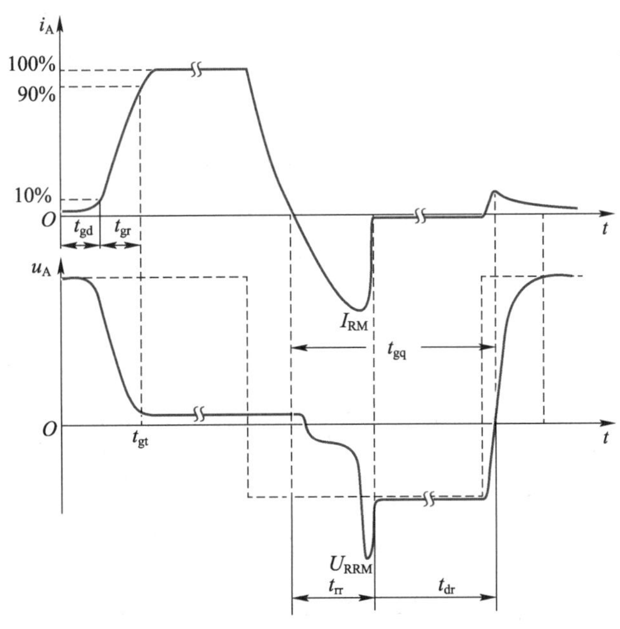

图1-12　晶闸管的动态特性曲线

（1）开通特性。

由于晶闸管内部的正反馈过程需要时间，再加上外电路的限制，因此晶闸管被触发后，阳极电流i_A的上升需要一定的时间。i_A从阶跃时刻上升到稳态值的10%所需要的时间为门极控制开通延迟时间t_{gd}，i_A从稳态值的10%增大到90%的这段时间为门极控制开通上升时间t_{gr}。t_{gr}除了与晶闸管本身的特性有关，还与外电路的电感有关。晶闸管由断态转为通态的时间为门极控制开通时间t_{gt}，即$t_{gt}=t_{gd}+t_{gr}$。

（2）关断特性。

在晶闸管的关断过程中，由于外电路电感的存在，对于原处于通态的晶闸管，当其阳极电压u_A突然由正向变为反向时，i_A的衰减也需要一个过渡时间，这段时间为门极控制关断下降时间t_{rr}。当i_A衰减至接近于零时，在一段时间内对晶闸管施加正向u_A，则晶闸管会重新开通，而不受门极是否有触发电流的控制，这段时间为断态恢复时间t_{dr}。t_{rr}与t_{dr}之和为门极控制关断时间t_{gq}，即$t_{gq}=t_{rr}+t_{dr}$。

t_{gq}大约为几百微秒，远远大于t_{gt}。在实际应用中，应对晶闸管施加足够长时间的反向电压，使晶闸管充分恢复对正向电压的阻断能力，从而确保晶闸管工作的可靠性。

影响晶闸管动态特性的主要参数还有通态电流临界上升率di/dt、断态电压临界上升率du/dt等。

通态电流临界上升率di/dt是指晶闸管能承受而不会导致晶闸管损坏的最大通态电流上升率。如果晶闸管的di/dt过大，则晶闸管刚一开通就会有很大的电流集中在门极，从而使晶闸管因局部过热而损坏。

断态电压临界上升率du/dt是指当门极断路且晶闸管的结温为额定值时，不导致晶闸管从断态到通态转换的最大电压上升率。如果晶闸管的du/dt过大，则会导致晶闸管误开通。晶闸管在使用中实际电压的上升率必须低于此临界值。

3. 晶闸管的选用

1）额定电流的确定

晶闸管的额定电流I_{TN}是以通态平均电流$I_{T(AV)}$为依据来确定的。$I_{T(AV)}$是指晶闸管在环境温度为40 ℃的冷却状态下，稳定结温不超过额定结温时所允许通过的最大工频正弦半波电流的平均值。

$I_{T(AV)}$是按照晶闸管自身由正向电流所造成的通态损耗热效应来定义的，而晶闸管的发热又与电流的有效值I_{VTn}有关。因此，根据有效值相等则发热量相同的原理，将非正弦半波电流的有效值折合成等效的正弦半波电流平均值，则有

$$I_{T(AV)}=\frac{I_{VTn}}{1.57} \tag{1-1}$$

晶闸管由于过载能力比一般电器小，因此在选用时，晶闸管的额定电流一般为其工作时所承受$I_{T(AV)}$的 1.5～2 倍，即

$$I_{TN} = (1.5\sim2)I_{T(AV)} = (1.5\sim2)\frac{I_{VTn}}{1.57} \quad (1\text{-}2)$$

点　拨

1.57 是晶闸管的波形系数，即通过晶闸管的电流的有效值与平均值之比。

2）额定电压的确定

晶闸管的额定电压U_{TN}通常取晶闸管的U_{DRM}和U_{RRM}中的较小值，并按标准电压等级取整数。而在实际应用中，考虑到晶闸管会受到环境温度、散热条件、过电压等因素的影响，U_{TN}一般为工作时所承受最大电压U_{TM}的 2～3 倍，即$U_{TN} \geqslant (2\sim3)U_{TM}$，以保证晶闸管的使用安全。

【例 1-1】 一个晶闸管接在 220 V 的交流电路中，通过晶闸管的电流有效值为 100 A，取安全裕量为最大电压和最大电流的 2 倍，试选择晶闸管的额定电流I_{TN}和额定电压U_{TN}。

【解】晶闸管的额定电流为

$$I_{TN} = 2\times\frac{100}{1.57} \approx 127(\text{A})$$

按照晶闸管参数系列取 100 A。

晶闸管的额定电压为

$$U_{TN} = 2\sqrt{2}\times220 \approx 622(\text{V})$$

按照晶闸管参数系列取 700 V，即额定电压等级为 7 级。

1.1.3　其他半控型电力电子器件

其他半控型电力电子器件主要是晶闸管的派生器件，常用的有快速晶闸管、双向晶闸管、逆导晶闸管、光控晶闸管等。

1．快速晶闸管

快速晶闸管是指对开关时间等有特别要求（通常为几十微秒），可在 400 Hz 以上频率工作的反向阻断晶闸管。

快速晶闸管主要用于感应加热设备中的中频电源装置。为使晶闸管能在较高的工作频率下安全可靠地工作，人们对普通晶闸管的管芯结构和制造工艺等进行了改进，在此基础上开发了快速晶闸管。快速晶闸管对 du/dt 和 di/dt 的耐受值都有了明显提升。由于工作频

率较高，快速晶闸管的通态损耗明显大于同规格的普通晶闸管。

2．双向晶闸管

双向晶闸管是由 NPNPN 五层半导体材料构成的电力电子器件，是把两个反并联的晶闸管集成在同一硅片上，通过一个门极来控制开通和关断的组合型器件，其电气图形符号如图 1-13（a）所示。其中，T_1、T_2 为主电极，G 为门极。双向晶闸管工作时，无论在 T_1、T_2 间接入何种极性的电压，只要在门极 G 注入触发电流（正、负均可），都可使双向晶闸管开通。因此，双向晶闸管在第一象限和第三象限的伏安特性曲线对称，如图 1-13（b）所示。

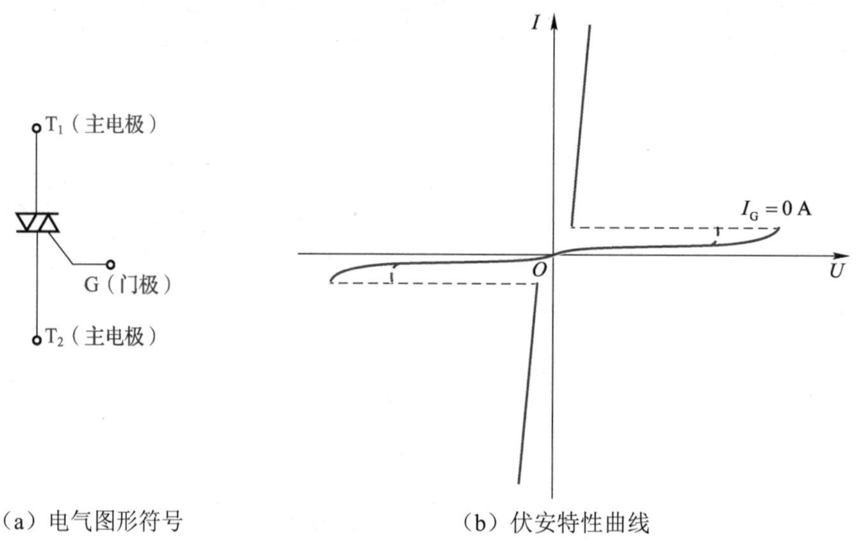

（a）电气图形符号　　（b）伏安特性曲线

图 1-13　双向晶闸管的电气图形符号和伏安特性曲线

双向晶闸管通常用在交流电路中，其额定电流用有效值来表示。

3．逆导晶闸管

逆导晶闸管是将一个晶闸管和一个反向并联的二极管集成在同一硅片上而构成的组合型器件。它可看作是一种在反方向也能通过和正方向同样大电流的开关器件。

逆导晶闸管的电气图形符号和伏安特性曲线如图 1-14 所示。逆导晶闸管的正向伏安特性曲线和普通晶闸管的正向伏安特性曲线相同，反向伏安特性曲线与二极管的反向伏安特性曲线相同，因此逆导晶闸管能承受较大的正向电压，但在承受反向电压时会快速开通，呈现肖特基二极管特性。

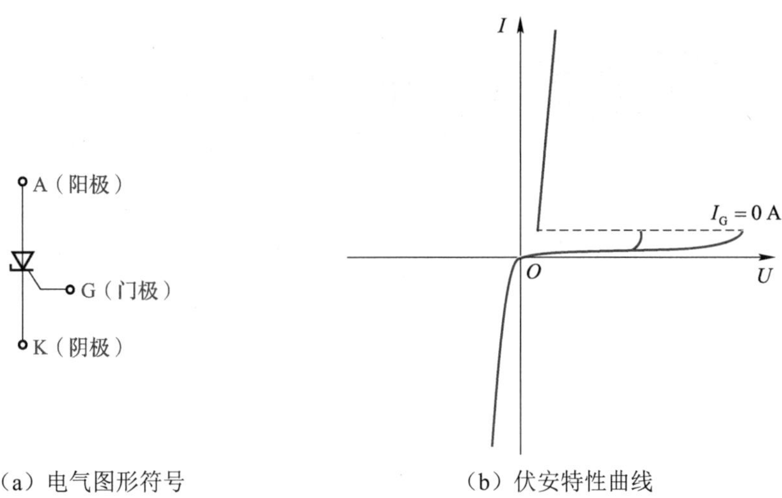

（a）电气图形符号　　（b）伏安特性曲线

图1-14　逆导晶闸管的电气图形符号和伏安特性曲线

逆导晶闸管具有正向压降小、关断时间短、抗漏电流能力强、额定结温高等优点，常用于不需要阻断反向电压的电路中。

4. 光控晶闸管

光控晶闸管以光信号作为触发信号来控制开通，因此又称光触发晶闸管，其伏安特性曲线与普通晶闸管的相同。光控晶闸管可避免电路主回路对控制电路的电磁干扰，因此适用于对信号源与电路主回路之间绝缘要求较高的大功率高压装置，如高压直流输电装置、高压核聚变装置等。

笔记

任务 1.2 认识全控型电力电子器件

任务引入

对于以晶闸管及其派生器件为代表的半控型电力电子器件，通常采用由外部变换电路施加反向阳极电压的方式来强制关断。由于外部变换电路较为复杂且性能不高，因此半控型电力电子器件难以满足高性能交流变频等场合的需要。在此背景下，全控型电力电子器件应运而生。

全控型电力电子器件的种类很多，目前应用较为广泛的是绝缘栅双极晶体管（insulated gate bipolar transistor, IGBT）。常见的 IGBT 如图 1-15 所示，它们都有 3 个引脚，分别是阳极 A、集电极 C 和发射极 E。请选择合适的工具和器材，判断 IGBT 各引脚的极性，测试 IGBT 的特性。

（a）模块式

（b）平板式

（c）片状式

图 1-15 常见的 IGBT

本任务的知识与技能要求如表 1-6 所示。

表 1-6 知识与技能要求

任务内容	认识全控型电力电子器件	学习程度		
		识记	理解	应用
学习任务	门极可关断晶闸管		●	
	电力晶体管		●	
	电力场效应晶体管		●	
	绝缘栅双极晶体管		●	
实训任务	测试 IGBT 的特性			●
自我勉励				

任务工单——测试 IGBT 的特性

测试 IGBT 的特性

1. 知识准备

IGBT 是一种复合型半导体器件，它因综合了电力晶体管和电力场效应晶体管的优点而具有良好的特性，广泛应用于各种中、大功率电力电子设备中。IGBT 可分为 N 沟道和 P 沟道两种类型，如无特别说明，本书所述 IGBT 均指 N 沟道 IGBT。

如图 1-16 所示为 IGBT 的电气图形符号和内部结构。IGBT 比电力场效应晶体管多一层 P^{+} 区，从而形成一个大面积的 PN 结，这使发射极 E 与集电极 C 之间相当于连接了两个双极晶体管，一个为 PNP 型，另一个为 NPN 型。通常将 PNP 型晶体管的基区称为 N 基区，将 NPN 型晶体管的基区称为 P 基区。当 IGBT 开通时，由注入区向缓冲区注入的空穴可对 N 基区进行电导调制，因此 IGBT 具有很强的电流承受能力。

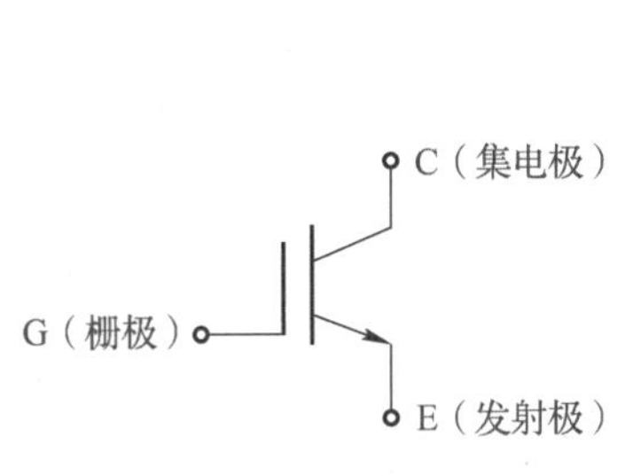

（a）电气图形符号（耗尽型）

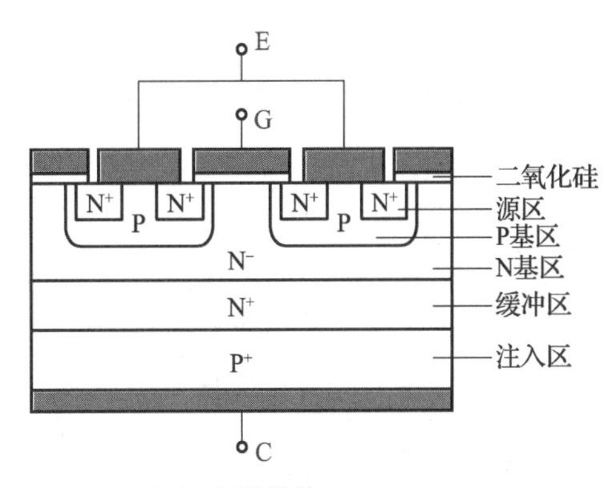

（b）内部结构

图 1-16　IGBT 的电气图形符号和内部结构

IGBT 的栅极 G 与集电极 C、发射极 E 之间均不开通，正、反向电阻均非常大；当在 IGBT 的栅极 G 和发射极 E 之间没有施加电压时，集电极 C 和发射极 E 之间的正向电阻非常大，但反向电阻较小。因此，可通过测量 IGBT 各引脚之间的电阻来判断各引脚的极性。

如图 1-17 所示为 IGBT 的特性测试电路。其中，白炽灯 EL 与 IGBT 的集电极 C 和电源 E 的正极相连，而 IGBT 的发射极 E 与电源 E 的负极相连。调节电位器 R_p，缓慢改变 IGBT 栅极-发射级电压 U_{GE} 的大小，可通过观察白炽灯 EL 的亮灭情况来判断 IGBT 的开通和关断状态。

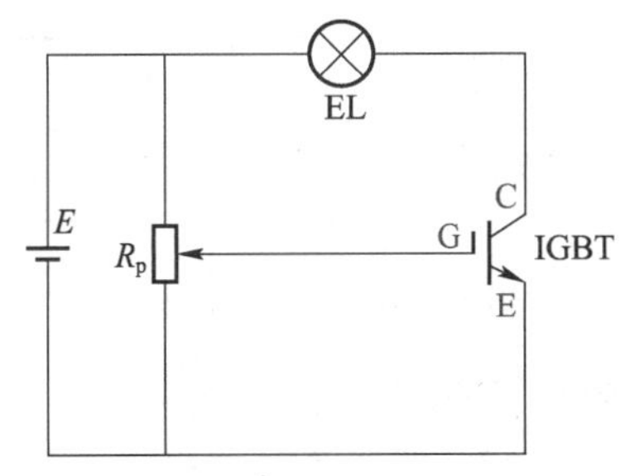

图 1-17　IGBT 的特性测试电路

2．工具和器材准备

准备任务实施所需的工具和器材，补全表 1-7。

表 1-7　工具和器材清单

名称	规格	型号	数量	名称	规格	型号	数量
直流稳压电源			1 路	电压表			1 台
指针式万用表			1 台	电流表			1 台
IGBT 模块			1 组	白炽灯	12 V、0.1 A		1 个
电位器			1 个	导线			若干

3．任务实施

1）判断 IGBT 各引脚的极性

将指针式万用表置于 $R\times1$ k 挡，分别测量 IGBT 各引脚之间的正、反向电阻。在阻值最小的那次测量中，黑表笔所接的引脚为发射极 E，红表笔所接的引脚为集电极 C，另一引脚为栅极 G。

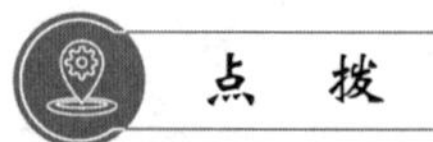

点　拨

在按上述方法测量 IGBT 各引脚之间正、反向电阻的过程中，若出现两次或两次以上阻值很小的情况，则说明该 IGBT 已经损坏。

2）测试 IGBT 的静态特性

按图 1-17 连接电路，然后通过调节 R_P 来改变 IGBT 的栅极-发射极电压 U_{GE}，并按照以下步骤进行测试。

（1）调节 R_p，用电流表测量栅极电流 I_G 在不同 U_{GE} 下的值，将其记录在表 1-8 中，并分析 U_{GE} 与 I_G 之间的关系。

表 1-8　栅极电流的测试数据

U_{GE}/V	0	1	2	3	4	5	6	7	8
I_G/mA									

结论： 当 U_{GE} 逐渐增大时，I_G 接近于________，可视为栅极 G 与发射极 E 之间的电阻非常大，电流无法通过。

（2）调节 R_P，用电流表分别测量集电极电流 I_C 和发射极电流 I_E 在不同 U_{GE} 下的值，将其记录在表 1-9 中，并分析 U_{GE} 与 I_C 和 I_E 之间的关系。

表 1-9　集电极电流和发射极电流的测试数据

U_{GE}/V	0	1	2	3	4	5	6	7	8
I_C/mA									
I_E/mA									

结论：当 U_{GE} 逐渐增大时，I_C 和 I_E ________________。

3）测试 IGBT 的动态特性

调节 R_p，观察白炽灯在不同 U_{GE} 下的亮灭情况，用电压表测量 U_{CE} 在不同 U_{GE} 下的值，将其记录在表 1-10 中，并分析 U_{GE} 与 U_{CE} 之间的关系。

表 1-10　IGBT 的动态特性测试数据

U_{GE}/V	0	1	2	3	4	5	6	7	8
U_{CE}/V									
白炽灯亮/灭									

结论：在 U_{GE} 增大到________V 之前，$U_{CE} \approx E$，$I_{CE} \approx 0$ A，IGBT 相当于________（闭合/断开）状态下的开关；当 U_{GE} 达到________V 时，$U_{CE} \approx 0$ V，电流增大，白炽灯________（亮/灭），IGBT 相当于________（闭合/断开）状态下的开关；当 U_{GE} 继续增大时，U_{CE}________（增大/减小），电流变________（大/小）。因此，通过给 IGBT 施加一定的 U_{CE}，便可控制 IGBT 从________（开通/关断）状态变为________（开通/关断）状态。

创想天地

根据 IGBT 的特性，查阅有关资料，分析 IGBT 的应用场合，列举 IGBT 的实际应用案例。

4．任务评价

请指导教师按照学生的实际表现情况进行评分，并将评分结果填入表 1-11 中。

表 1-11　考核评价表

评价项目	评价标准	满分/分	实际得分/分	指导教师评语
技能操作	能正确判断 IGBT 各引脚的极性	15		
	能正确连接 IGBT 的特性测试电路	15		
	能正确测试 IGBT 的静态特性	25		
	能正确测试 IGBT 的动态特性	25		

（续表）

评价项目	评价标准	满分/分	实际得分/分	指导教师评语
参与程度	认真参加活动，积极思考，主动与同学、指导教师进行交流，善于发现和解决问题	10		
合作意识	积极参与探讨，勇于接受任务，敢于承担责任，团结协作，组织和协调能力强	10		
总分		100		

笔记

1.2.1　门极可关断晶闸管

晶闸管开通后，门极就失去了控制作用，要使其关断只能切断电源或给晶闸管施加反向电压，而这需要在电路中增设电子器件，从而使电路变得复杂。门极可关断晶闸管（gate turn-off thyristor, GTO）既可通过向门极施加正向触发脉冲控制开通，又可通过向门极施加反向触发脉冲控制关断，是理想的高压、大电流全控型器件。

1. GTO 的工作原理

如图 1-18 所示为 GTO 的电气图形符号和内部结构。GTO 与普通晶闸管在结构上基本相同，都是 PNPN 型四层三端器件，其外部都具有门极 G、阳极 A 和阴极 K，但 GTO 的内部则包含数十个甚至数百个共阳极的 GTO 元。这些 GTO 元的阴极 K 和门极 G 在器件内部并联在一起，且每个 GTO 元阴极 K 和门极 G 的距离很短，可有效减小它们之间的横向电阻，因此可从门极 G 分出电流来关断 GTO。

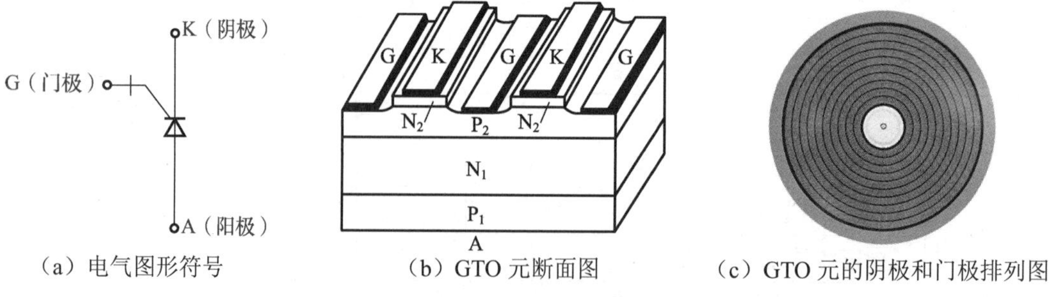

（a）电气图形符号　（b）GTO 元断面图　（c）GTO 元的阴极和门极排列图

图 1-18　GTO 的电气图形符号和内部结构

2. GTO 的主要特性

GTO 在静态特性方面与普通晶闸管基本相同，但在动态特性方面与普通晶闸管有些区别。

如图 1-19 所示为 GTO 的动态特性曲线，GTO 在开通时需要经过延迟时间 t_d 和上升时间 t_r 才能趋于稳定；在关断时需要经过储存时间 t_s、下降时间 t_f 和尾部时间 t_t，以退出饱和状态，完成关断。

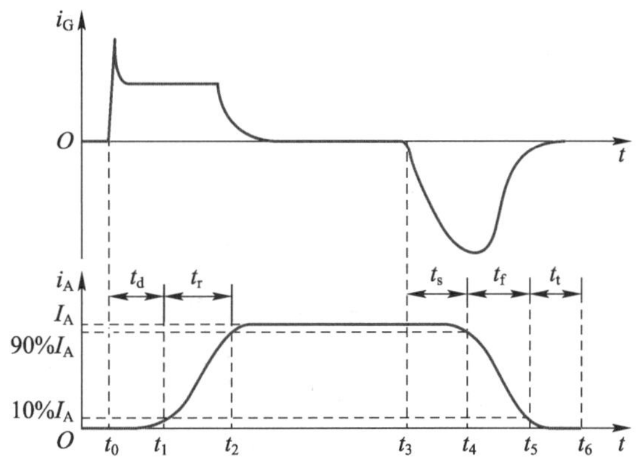

图 1-19　GTO 的动态特性曲线

3. GTO 的选用

GTO 的很多参数与相应的晶闸管参数意义相同，下面主要介绍一些意义不同的参数，以便在选用 GTO 时注意。

1）**最大可关断阳极电流 I_{ATO}**

GTO 的最大可关断阳极电流 I_{ATO} 是用来衡量 GTO 额定电流的参数，这与普通晶闸管用通态平均电流作为额定电流不同。当通过 GTO 的电流大于 I_{ATO} 时，会使 GTO 的开通饱和程度过深，此时即使在门极施加反向触发脉冲也无法使其关断。

2）**电流关断增益 β_{off}**

电流关断增益 β_{off} 是指 I_{ATO} 与门极脉冲电流的最大值 I_{GM} 之比，它用来表征 GTO 的门极可关断能力，即

$$\beta_{off}=\frac{I_{ATO}}{I_{GM}} \tag{1-3}$$

大容量 GTO 的 β_{off} 一般都很小，通常为 3～5，这是 GTO 的一个缺点。例如，在 I_{ATO} 为 1 000 A 的 GTO 中，I_{GM} 需要达到 200 A，这便失去了晶闸管“以小电流控制大电流”的优点，还会导致 GTO 开关速度降低。

点　拨

GTO是一种较理想的直流开关器件，具有自关断能力、开通和关断迅速等优点，不需要复杂的换流回路，且工作频率高，主要用于斩波调速、变频调速、电力逆变。但是，在相同的工作条件下与普通晶闸管相比，GTO的I_L较大，关断脉冲对功率和反向门极电流上升率要求较高。因此，很多GTO都采用逆导型结构，在承受反向电压时与电力二极管串联使用。

1.2.2 电力晶体管

电力晶体管（giant transistor, GTR）是一种能承受大功率的双极结型晶体管（bipolar junction transistor, BJT），GTR与BJT这两个名称在电力电子技术领域是等效的。GTR可分为PNP型和NPN型两种类型，如无特别说明，本书所述GTR均指NPN型GTR。

1. GTR的工作原理

GTR的电气图形符号和内部结构如图1-20所示。GTR由具有三层半导体材料的两个PN结构成。其中，顶部N^+区为发射区，其作用是向基区注入载流子；P区为基区，其作用是控制和传送载流子；底部N^+区为集电区，其作用是收集载流子；集电区上部设置了漂移区（N^-区），以提高GTR承受大电压的能力，这与电力二极管中N^-区的作用一样。此外，与IGBT类似，GTR在开通时也是从基区向漂移区注入大量少子，产生电导调制效应，并以此来减小通态电压和损耗的。

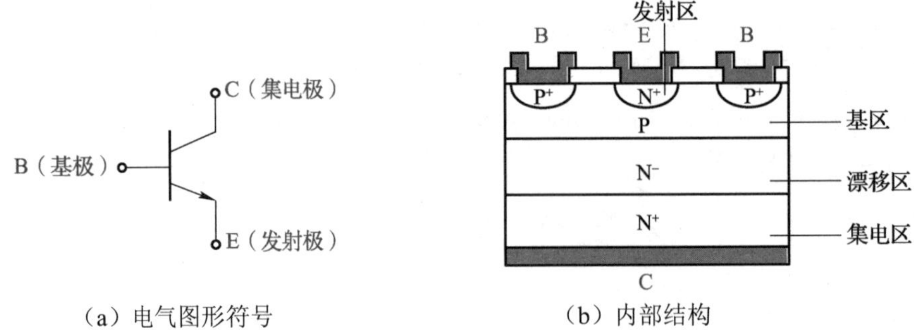

（a）电气图形符号　（b）内部结构

图1-20　GTR的电气图形符号和内部结构

在GTR的内部，不同区域的交界处形成了PN结。其中，发射区与基区交界处的PN结称为发射结，集电区与基区交界处的PN结称为集电结。要使GTR的发射区向基区注入载流子，就必须在发射结上施加正偏电压；而要保证注入基区的载流子能经过基区并传输到集电区，就必须在集电结上施加反偏电压。

在实际应用中，GTR 一般采用共发射极接法，此时 GTR 内部载流子的流动路径如图 1-21 所示。其中，集电极电流 I_C 与基极电流 I_B 之比为 GTR 的电流放大系数，用 β 表示，则 $I_C = \beta I_B$，发射极电流 $I_E = (1+\beta)I_B$。

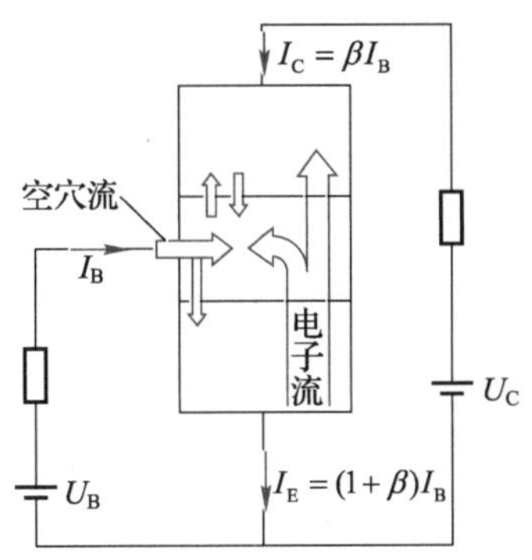

图 1-21　GTR 内部载流子的流动路径

GTR 的电流放大系数 β 反映了 I_B 对 I_C 的控制能力。GTR 的产品说明书中通常给出的是直流电流增益 h_{FE}，h_{FE} 是 GTR 工作在直流情况时 I_C 与 I_B 之比，一般可认为 $\beta \approx h_{FE}$。

2．GTR 的主要特性

1）静态特性

如图 1-22 所示为 GTR 采用共发射极接法的输出特性曲线，从中可明显地分出截止区、放大区和饱和区 3 个区域。其中，截止区对应 GTR 的断态，此时 GTR 因承受高电压而仅有极小的漏电流通过；GTR 处于放大区时，I_B 和 I_C 呈线性关系；饱和区对应 GTR 的通态，此时 I_C 不再随 I_B 的变化而变化。

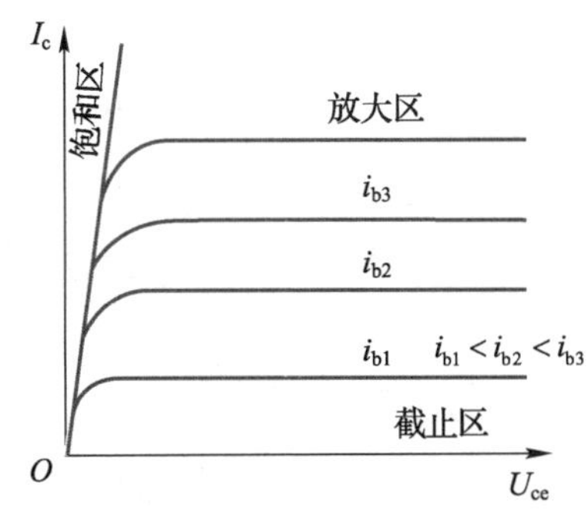

图 1-22　GTR 采用共发射极接法的输出特性曲线

GTR 在电力电子电路中通常工作在开关状态，即截止区或饱和区，而在开关过程中需要经过放大区，以实现截止区和饱和区之间的过渡。

2）动态特性

如图 1-23 所示为 GTR 开关过程中 i_b 和 i_c 的波形。与 GTO 类似，GTR 在开通时需要经过延迟时间 t_d 和上升时间 t_r 才趋于稳定，两者之和为开通时间 t_{on}；在关断时需要经历储存时间 t_s 和下降时间 t_f，两者之和为关断时间 t_{off}。

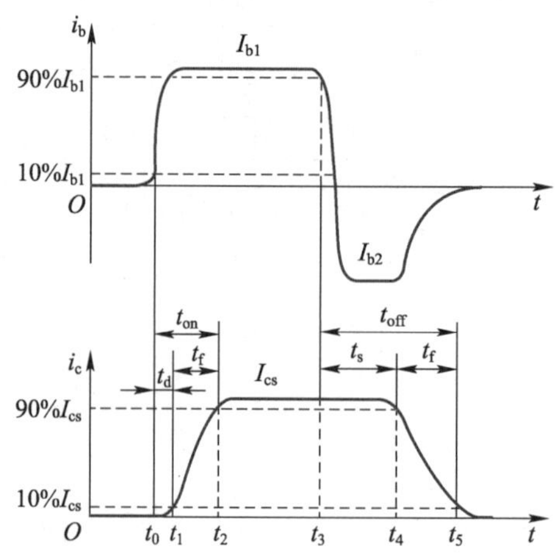

图 1-23　在 GTR 开关过程中 i_b 和 i_c 的波形

3．GTR 的选用

在选用 GTR 时，除了 β 和 h_{FE}，还要考虑 GTR 的最高工作电压、集电极最大允许电流 I_{CM}、集电极最大耗散功率 P_{CM}、最高允许结温 T_C 等参数。

1）最高工作电压

GTR 的最高工作电压主要包括最高集电极电压和最高发射极电压两类参数。

（1）最高集电极电压。

最高集电极电压是指集电极的击穿电压，它不仅与 GTR 本身有关，还与 GTR 的外接电路有关，它主要包括以下几种参数。

① 发射极开路时，集电极与基极之间的反向击穿电压 $U_{(BR)CBO}$。

② 基极开路时，集电极与发射极之间的反向击穿电压 $U_{(BR)CEO}$。

③ 发射极与基极之间直接连接时，集电极与发射极之间的反向击穿电压 $U_{(BR)CES}$。

④ 发射极与基极之间接电阻时，集电极与发射极之间的反向击穿电压 $U_{(BR)CER}$。

上述参数之间的关系为 $U_{(BR)CBO} > U_{(BR)CES} > U_{(BR)CER} > U_{(BR)CEO}$。当 GTR 的集电极电压增大至 $U_{(BR)CEO}$ 时，I_C 迅速增大，首先发生的击穿是雪崩击穿，称为一次击穿。此时，只要 I_C 不超过对应的限定值，GTR 一般不会损坏。但如果 I_C 没有得到有效限制，GTR 将会因 PN 结局部损坏而出现二次击穿，从而使 GTR 永久性损坏或使其工作性能明显变坏。

（2）最高发射极电压。

最高发射极电压是指集电极开路时，发射极与基极之间的反向击穿电压$U_{(BR)EBO}$。由于 GTR 发射区的掺杂浓度很高，具有很高的注入效率，因此$U_{(BR)EBO}$通常只有几伏。

2）集电极最大允许电流

使用 GTR 时，由于β会随着I_C的增大而减小，因此I_{CM}通常为当β减小到规定值的 1/3～1/2 时所对应的I_C。

3）集电极最大耗散功率和最高允许结温

集电极最大耗散功率P_{CM}是指在最高工作温度T_C下所允许的耗散功率。GTR 的产品说明书中通常将P_{CM}、T_C这两个参数同时给出。

点　拨

为使 GTR 安全工作，必须使 GTR 的I_C小于I_{CM}，集电极电压小于$U_{(BR)CEO}$，集电极的耗散功率小于P_{CM}。厂家通常将这 3 个参数与 GTR 的二次击穿曲线一同绘制在双对数直角坐标系中，以安全工作区的形式提供给用户。此外，在使用 GTR 时，还应使发射极与基极之间的反向电压小于$U_{(BR)EBO}$。

1.2.3　电力场效应晶体管

电力场效应晶体管（power MOSFET）是指利用电场效应来控制开关状态的晶体管，它是一种由内部多子导电的单极型电力电子器件。

电力场效应晶体管分为结型和绝缘栅型两种类型，但由于结型电力场效应晶体管的应用非常少，因此电力场效应晶体管通常指的是绝缘栅型电力场效应晶体管。根据内部导电沟道，绝缘栅型电力场效应晶体管可分为 N 沟道和 P 沟道两种类型，其中最常用的是 N 沟道绝缘栅型电力场效应晶体管。如无特别说明，本书所述电力场效应晶体管均指 N 沟道绝缘栅型电力场效应晶体管。

1. 电力场效应晶体管的工作原理

如图 1-24 所示为电力场效应晶体管的电气图形符号和内部结构。其中，两个N^+区分别为电力场效应晶体管的源区和漏区，并从中分别引出源极 S 和漏极 D；N^-区为漂移区，用于提高电力场效应晶体管承受大电压的能力；P 区夹在源区和漂移区之间，并与栅极 G 之间隔着一层二氧化硅；栅极与源区、漏区及 P 区均绝缘，而漏极 D 和源极 S 之间相当于有两个背靠背的 PN 结。

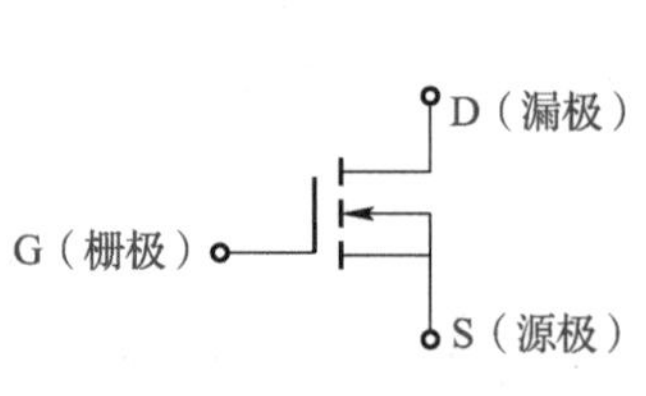

（a）电气图形符号（增强型）

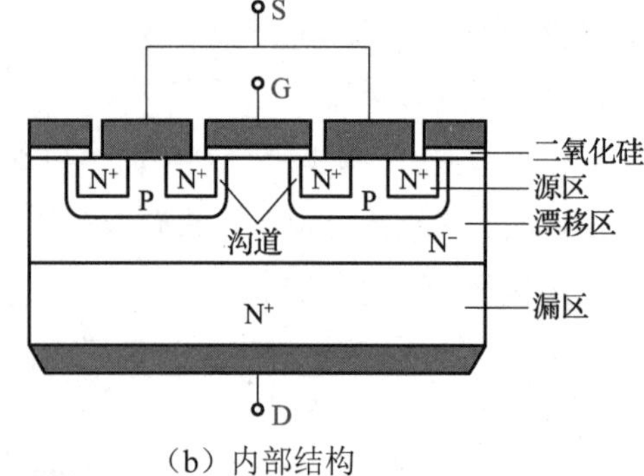

（b）内部结构

图 1-24　电力场效应晶体管的电气图形符号和内部结构

电力场效应晶体管利用栅极 G 与源极 S 之间的电压（简称栅级-源级电压，用 U_{GS} 表示）来控制漏极 D 与源极 S 之间的电流（称为漏极电流，用 I_D 表示），从而控制电力场效应晶体管的开通和关断。

当 U_{GS} 为零时，无论在漏极 D 和源极 S 之间施加正向电压还是反向电压，两个背靠背的 PN 结中总有一个反偏，电力场效应晶体管都将处于断态。

当 U_{GS} 大于零时，虽然夹在栅极 G 与源区之间的二氧化硅层不导电，栅极 G 无电流通过，但 U_{GS} 会将 P 区游离的电子吸引到二氧化硅层的下表面，从而在 P 区内形成 N 型电荷层，从而出现反型层导电沟道。

当 U_{GS} 达到一定值时，两个背靠背的 PN 结消失，P 区的反型层导电沟道使上下两个 N^+ 区（漏区和源区）形成同型接触，漏极 D 和源极 S 之间开通。此时的 U_{GS} 称为开启电压（或阈值电压），用 U_T 表示。U_{GS} 比 U_T 越大，栅极 G 与源极 S 之间的导电性就越好，I_D 也就越大。

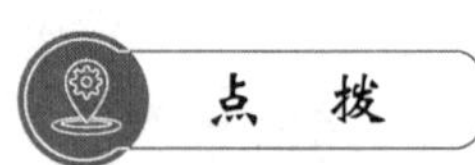

I_D 是电力场效应晶体管的额定电流参数。当电力场效应晶体管工作在脉冲电压的场合时，通常采用额定峰值电流 I_{DM} 作为额定电流参数。

2. 电力场效应晶体管的主要特性

1）静态特性

电力场效应晶体管的静态特性主要包括输出特性和转移特性。

（1）输出特性。

电力场效应晶体管的输出特性又称漏极伏安特性，它以 U_{GS} 为参量，反映了 I_D 与漏极-源极电压 U_{DS} 之间的关系。电力场效应晶体管的输出特性曲线如图 1-25 所示，从中可明显地分出可调电阻区、饱和区和雪崩区三个区域。在可调电阻区，当 U_{GS} 一定时，I_D 与 U_{DS} 几乎呈线性关系，进入饱和区后，I_D 随 U_{DS} 缓慢变化，然后趋于稳定；当 U_{DS} 过大时，电力场效应晶体管将出现击穿现象，从而进入雪崩区。

当电力场效应晶体管作为开关器件使用时，应将其通态限定在可调电阻区，若工作在饱和区，则通态压降太大，功耗也大。当电力场效应晶体管由可调电阻区进入饱和区时，其栅极 G 与源极 S 之间的直流电阻称为通态电阻，用 $R_{DS(ON)}$ 表示。$R_{DS(ON)}$ 是影响电力场效应晶体管最大输出功率的重要参数，在采用电力场效应晶体管作为开关器件的电路中，其大小决定了电力场效应晶体管输出电压和功率损耗的大小。

（2）转移特性。

电力场效应晶体管的转移特性是指在一定的 U_{DS} 下，I_D 和 U_{GS} 之间的关系，其曲线如图 1-26 所示。当 I_D 较大时，I_D 与 U_{GS} 的关系曲线近似成线性，曲线的斜率则为电力场效应晶体管的跨导 G_m，即 $G_m = dI_D/dU_{GS}$，单位为西门子（S）；曲线开始上升时对应的 U_{GS} 即开启电压 U_T。

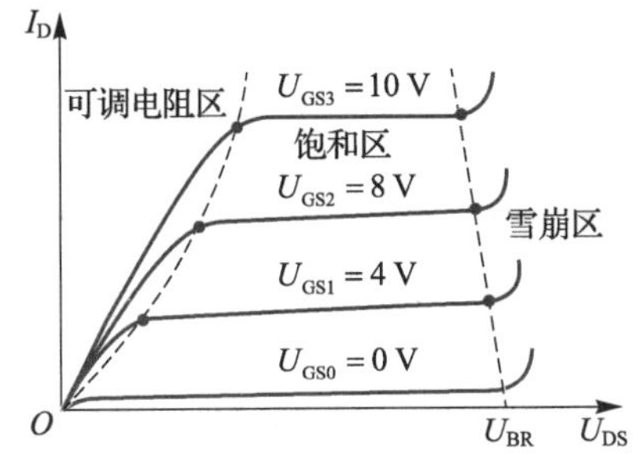

图 1-25　电力场效应晶体管的输出特性曲线

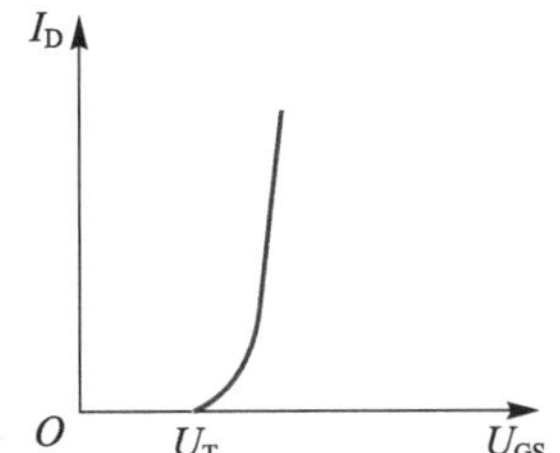

图 1-26　电力场效应晶体管的转移特性曲线

G_m 反映了电力场效应晶体管的电流放大能力，它类似于GTR的电流放大系数 β。

2）动态特性

电力场效应晶体管的动态特性主要是指其开关特性。如图 1-27（a）所示为电力场效应晶体管开关特性的测试电路。其中，u_p 为矩形脉冲电压信号源，R_s 为信号源内阻，R_G 为栅极电阻，Z_L 为漏极负载电阻，R_F 用于检测漏极电流。

当 u_p 向测试电路输入脉冲电压时，电力场效应晶体管的开关特性曲线如图 1-27（b）所示。其中，开通时间 t_{on} 由开通延时时间 $t_{d(on)}$、漏极电流上升时间 t_{ri} 和漏极-源极电压下降时间 t_{fv} 组成，即 $t_{on} = t_{d(on)} + t_{ri} + t_{fv}$，$t_{on}$ 与 U_T、栅极-源极电容 C_{GS} 和栅极-漏极电容 C_{GD} 有关；关断时间 t_{off} 由关断延时时间 $t_{d(off)}$、漏极电压上升时间 t_{rv} 和漏极电流下降时间 t_{fi} 组成，即 $t_{off} = t_{d(off)} + t_{rv} + t_{fi}$，$t_{off}$ 与 Z_L、漏极-源极电容 C_{DS} 有关。

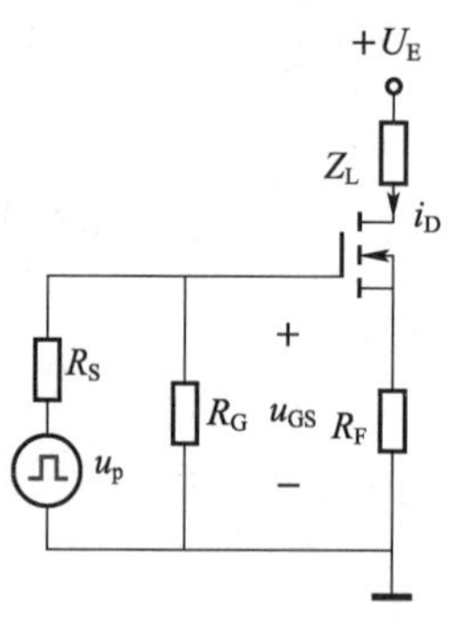

（a）测试电路

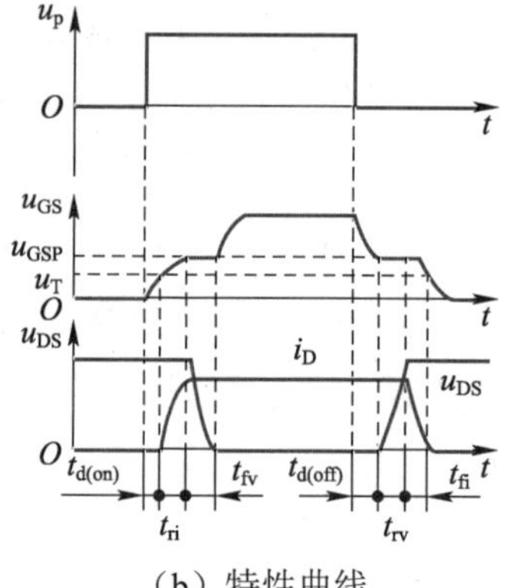

（b）特性曲线

图 1-27　电力场效应晶体管的开关特性

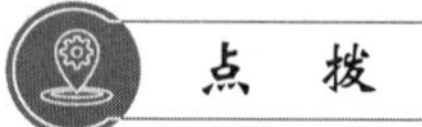

电力场效应晶体管的开关速度与其极间电容有很大关系。一般情况下，厂家提供的电容参数有输入电容 C_{iss}、输出电容 C_{oss} 和反馈电容 C_{rss}，它们与极间电容的关系为 $C_{iss}=C_{GS}+C_{GD}$，$C_{oss}=C_{DS}+C_{GD}$，$C_{rss}=C_{GD}$。

3．电力场效应晶体管的选用

电力场效应晶体管是利用电场效应来控制电流的，因此具有开关速度快、高频性能好、输入阻抗高、驱动功率小、热稳定性好、无二次击穿、安全工作区宽等特点，在各类中、小功率电力电子装置中得到了广泛应用。

选用电力场效应晶体管时，在其开通过程中及处于通态时，必须保持 U_{GS} 大于 U_T，使电力场效应晶体管工作在可调电阻区内；在其关断的过程中，为提高关断的速度和可靠性，通常需要将 U_{GS} 反偏，此时必须使电力场效应晶体管工作在反偏安全工作区内。值得注意的是，随着结温的升高，实际允许的 I_D 和 I_{DM} 均会减小。例如，型号为 IRF330 的电力场效应晶体管，当 T_C 为 25 ℃时，实际允许的 I_D 为 5.5 A；当 T_C 为 100 ℃时，实际允许的 I_D 为 3.3 A。

笔记

1.2.4　绝缘栅双极晶体管

IGBT 是以 GTR 为主导元件，以电力场效应晶体管为驱动元件构成的复合型半导体器件，它综合了两种电力电子器件的优点，同时具有高输入阻抗和低开通电压的优点。

1. IGBT 的工作原理

如图 1-28 所示为 IGBT 的理想等效电路，其中 R_N 为基区扩散电阻。当给 IGBT 施加正向 U_{GE}，且 U_{GE} 大于开启电压 $U_{GE(th)}$ 时，电力场效应晶体管在内部形成导电沟道，为 PNP 型 GTR V 提供基极电流，此时 IGBT 开通。当给 IGBT 施加反向 U_{GE} 或 U_{GE} 为零时，电力场效应晶体管内的导电沟道消失，V 的基极电流被切断，此时 IGBT 关断。因此，IGBT 是电压控制型开关器件。

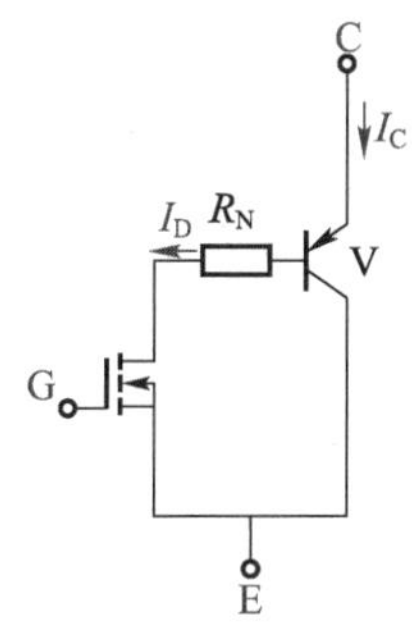

图 1-28　IGBT 的理想等效电路

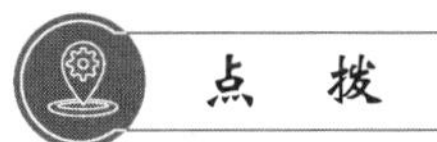

当 IGBT 开通时，基区扩散电阻 R_N 会因电导调制效应而减小，通态电压也会减小。

2. IGBT 的主要特性

1）静态特性

IGBT 的静态特性主要包括伏安特性和转移特性。

（1）伏安特性。

IGBT 的伏安特性是指当以 U_{GE} 为参量时 I_C 与 U_{CE} 之间的关系，其曲线如图 1-29（a）所示。从图中可看出，IGBT 的伏安特性曲线分为饱和区、有源区、正向阻断区和反向阻断区。在有源区内，U_{GE} 越大，I_C 越大。

（2）转移特性。

IGBT 的转移特性是指 I_C 与 U_{GE} 之间的关系，其曲线如图 1-29（b）所示。从图中可看出，当 U_{GE} 小于开启电压 $U_{GE(th)}$ 时，IGBT 处于断态；而在 IGBT 开通后，I_C 与 U_{GE} 近似成线性关系。

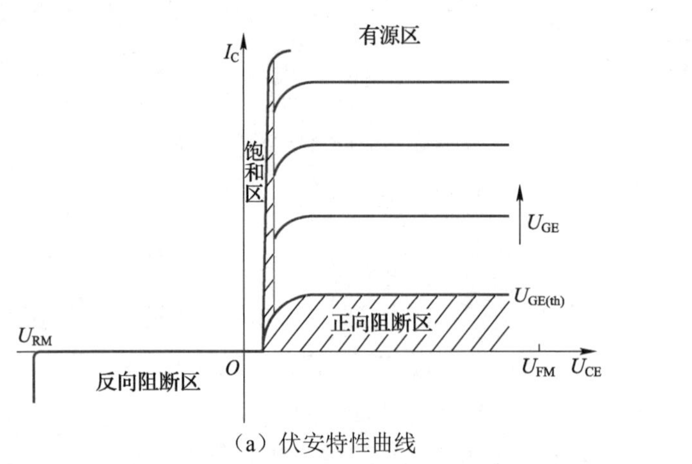

（a）伏安特性曲线

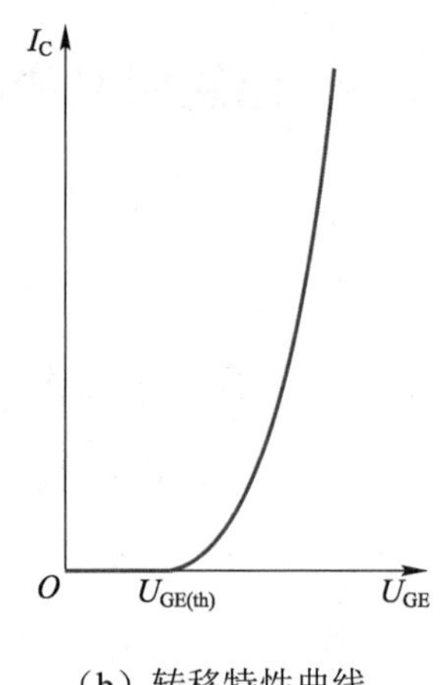

（b）转移特性曲线

图 1-29　IGBT 的静态特性曲线

2）动态特性

IGBT 的动态特性主要是指其开关特性。由于 IGBT 在开通过程中的大部分时间里都是作为电力场效应晶体管来工作的，因此其动态特性与电力场效应晶体管的相似。

IGBT 的动态特性主要表现在集电极电流 i_C、栅极-发射极电压 u_{GE} 和集电极-发射极电压 u_{CE} 的波形变化上。如图 1-30 所示为 IGBT 的动态特性曲线。其中，$t_{d(on)}$ 表示 PNP 型 GTR 由放大区进入饱和区所用的时间，称为开通延迟时间，t_r 表示开通上升时间，两者之和为 IGBT 的开通时间 t_{on}，即 $t_{on}=t_{d(on)}+t_r$。在 IGBT 关断过程中，$t_{d(off)}$ 表示关断延迟时间，t_f 表示电流关断时间，两者之和为 IGBT 的关断时间 t_{off}，即 $t_{off}=t_{d(off)}+t_f$。

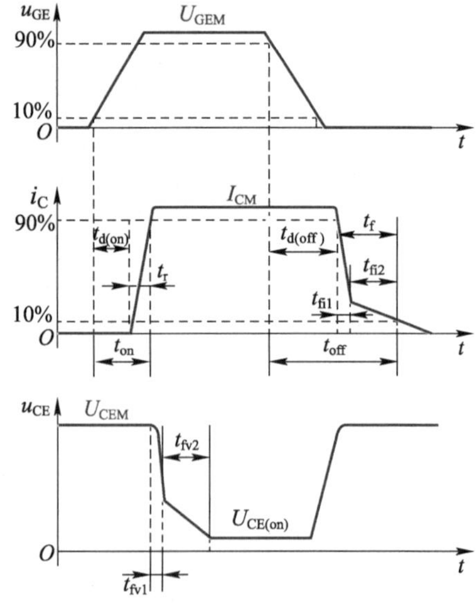

图 1-30　IGBT 的动态特性曲线

此外，t_f 又可分为 t_{fi1} 和 t_{fi2} 两部分。其中，t_{fi1} 表示 IGBT 内部电力场效应晶体管关断的时间，该阶段电流减小得较快；而 t_{fi2} 表示 IGBT 内部 PNP 型晶体管关断的时间，由于该晶体管上储存的电荷无法迅速释放，因此该阶段电流减小得较慢。

相应地，u_{CE} 减小的过程也可分为 t_{fv1} 和 t_{fv2} 两部分。其中，t_{fv1} 表示 IGBT 内部电力场效应晶体管电压减小的时间，t_{fv2} 表示 IGBT 内部 PNP 型晶体管电压减小的时间。

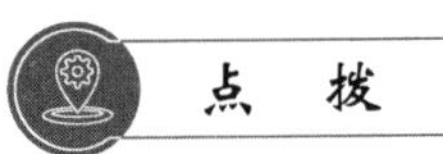

虽然 PNP 型 GTR 为 IGBT 带来了电导调制效应的好处，但由于 PNP 型 GTR 存在少子的储存现象，因此 IGBT 的开关速度低于电力场效应晶体管的开关速度。

3）IGBT 的擎住效应

在实际应用中，IGBT 并不是以理想等效电路工作的，而是以图 1-31 所示 IGBT 的实际等效电路工作的。

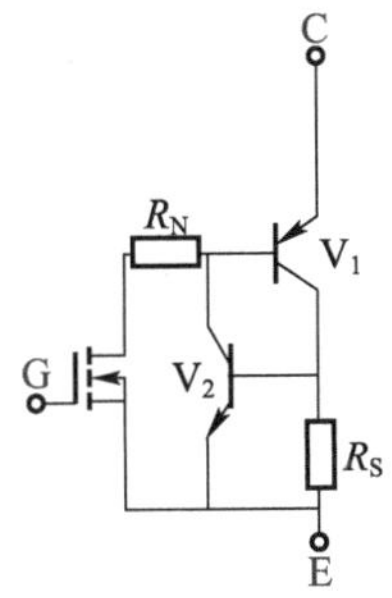

图 1-31　IGBT 的实际等效电路

由图 1-31 可知，IGBT 的内部还存在一个 NPN 型 GTR　V_2，V_2 的基极和发射极之间有一个体区扩展电阻 R_S，V_1 的横向空穴电流会在 R_S 上产生电压降，相当于在 V_2 的基极上施加正向电压。在 IGBT 的额定集电极电流范围内，这个正向电压很小，并不能使 V_2 开通。但当 I_C 增大到一定程度后，该正向电压将使 V_2 开通，从而使两个 GTR 工作在饱和状态，相当于一个开通的晶闸管。此时，IGBT 的栅极 G 就会失去对 I_C 的控制，使 IGBT 产生自锁现象，这就是擎住效应的一种，称为静态擎住效应。

IGBT 的另一种擎住效应是动态擎住效应，是指 IGBT 在高速关断过程中产生的自锁现象。此时，IGBT 由于电流或电压下降过快而产生较大的位移电流，这个电流在流经 R_S 时，产生了足以使 V_2 开通的正向电压，从而使 IGBT 产生自锁现象。

自锁现象一旦发生，栅极将失去对 IGBT 实际等效电路的控制，IGBT 将无法关断，最终会使 IGBT 因电流过大而损坏。因此，在实际应用中，应采取适当措施避免 IGBT 自锁现象的产生。

砥节砺行

由南方电网科学研究院牵头研发的“基于国产 IGBT 的柔性直流换流阀（含自主可控阀段）”成功攻克了柔性直流换流阀核心组件国产化设计制造技术瓶颈，解决了柔性直流换流阀核心组件长期依赖进口的“卡脖子”难题，打破了国外技术垄断，推动了自主可控柔性直流技术的跨越式发展。

科技的发展将给我们的工作和生活带来深远的影响，这只是新时代科技发展的一个缩影。作为新时代青年，我们应该保持对科技的热情和好奇心，关注前沿技术的发展动态。同时，我们也要努力学习科学文化知识，提升自己的综合素质，为我国的科技发展贡献一份力量。

3. IGBT 的选用

在实际应用中，一般所说的 IGBT 并不是指 IGBT 单管，而是指 IGBT 模块。它是由多个 IGBT 芯片和二极管芯片以绝缘方式组装到金属基板上，并通过特定的电路封装而成。相较于 IGBT 单管，IGBT 模块主要具有以下优点。

（1）将多个 IGBT 芯片并联，可使 IGBT 模块的额定电流更大。

（2）将多个 IGBT 芯片按照特定的电路形式组合，如半桥、全桥等，可使外部电路变得简单，便于连接。

（3）多个 IGBT 芯片处于同一个金属基板上，相当于在独立的散热器与 IGBT 芯片之间增加了一块均热板，使 IGBT 模块的工作更可靠。

（4）与多个分立形式的单管进行外部连接相比，多个 IGBT 芯片之间连接更有利于电路布局，引线电感更小。

（5）IGBT 模块更适合高电压和大电流的场合。

在选用 IGBT 时，必须保证其工作在安全工作区。由于 IGBT 在电力电子电路中通常工作在开关状态，因此其安全工作区分为正偏安全工作区和反偏安全工作区两部分。其中，正偏安全工作区由集电极峰值电流 I_{CM}、集电极-发射极峰值电压 U_{CEM} 和集电极-发射极峰值功耗 P_{CM} 确定，反偏安全工作区由 I_{CM}、U_{CEM} 和最大允许集电极电压上升率 du_{CE}/dt 确定。

此外，IGBT 的 I_{CM} 是根据避免出现动态擎住效应的原则确定的，并据此确定基极-发射极峰值电压 U_{GEM}，而 IGBT 的 U_{CEM} 是由 IGBT 内部 PNP 型 GTR 所能承受的击穿电压确定的。

综合测试

1．填空题

（1）电力二极管的静态特性是指电力二极管的__________，动态特性是指电力二极管在通态和断态转换过程中__________、__________随时间变化的特性。

（2）当施加在电力二极管上的反向电压超过一定限值时，反向电流会急剧增大，从而造成电力二极管__________，此时的反向电压称为__________。

（3）由于 $I_{F(AV)}$ 是按照电流的发热效应来定义的，因此 $I_{F(AV)}$ 要按__________________的原则来选定。

（4）反向重复峰值电压是电力二极管所能重复承受的最高反向峰值电压，通常为__________的 2/3。

（5）其他半控型电力电子器件主要是晶闸管的派生器件，常用的有__________、__________、__________、__________等。

（6）GTR 的__________反映了基极电流对集电极电流的控制能力。

（7）在电力场效应晶体管__________与__________之间未施加电压的情况下，无论在漏极 D 和源极 S 之间施加正向电压还是反向电压，电力场效应晶体管都处于断态。

（8）IGBT 是以__________为主导元件，以__________为驱动元件构成的复合型半导体器件。

（9）IGBT 的伏安特性是指当以栅极-发射极电压为参量时__________与__________之间的关系。

2．判断题

（1）在电力二极管的动态特性中，开通特性是指其由断电状态转为正偏的过程中电流和电压之间的关系。（　　）

（2）电力二极管自正向电流减小至零时起，到恢复反向阻断能力所需要的时间称为正向恢复时间。（　　）

（3）在晶闸管开通后，即使晶闸管的门极无触发电流注入，晶闸管在内部正反馈的作用下仍将保持通态，因此晶闸管属于全控型器件。（　　）

（4）在晶闸管开通后便移除触发电压，此时能保持晶闸管开通所需的最小阳极电流称为擎住电流。（　　）

（5）在实际应用中，应对晶闸管施加足够长时间的反向电压，使晶闸管充分恢复其对正向电压的阻断能力，从而确保晶闸管工作的可靠性。（　　）

（6）GTO 与其他电力二极管的派生器件类似，也是一种半控型器件。（　　）

（7）为使 GTR 安全工作，必须使 GTR 的集电极电压小于 $U_{(BR)CEO}$，集电极电流小于 I_{CM}，集电极的耗散功率小于 P_{CM}。（　　）

（8）当电力场效应晶体管由可调电阻区进入饱和区时，其栅极 G 与源极 S 之间的直流电阻称为通态电阻，它是影响电力场效应晶体管最大输出功率的重要参数。（　　）

（9）IGBT 是一种电压控制型器件，它在开通过程中的大部分时间里都是作为电力场效应晶体管来工作的。（　　）

（10）当没有施加栅极电压时，IGBT 集电极 C 和发射极 E 之间的正、反向电阻都非常大。（　　）

3. 综合题

（1）什么是晶闸管的开通特性？

（2）GTO 和普通晶闸管同为 PNPN 结构，为什么 GTO 能自关断，而普通晶闸管却不能？

（3）IGBT 模块的主要优点有哪些？

指导教师对学生的实际学习成果进行评价，学生配合指导教师共同完成表 1-12。

表 1-12　学习成果评价

班级		组号		日期	
姓名		学号		指导教师	
学习成果名称	常用电力电子器件				
评价项目	评价内容	评价方式	满分/分	评分/分	
知识（40%）	电力二极管	理论测试	6		
	晶闸管		6		
	其他半控型电力电子器件		3		
	门极可关断晶闸管		5		
	电力晶体管		6		
	电力场效应晶体管		6		
	绝缘栅双极晶体管		8		
技能（40%）	测试晶闸管的动态特性	实践操作	20		
	测试 IGBT 的特性		20		

（续表）

评价项目	评价内容	评价方式	满分/分	评分/分
素养（20%）	积极参加教学活动，主动学习、思考、讨论	综合评判	6	
	认真负责，按时完成学习、实践任务		4	
	团结协作，与同学之间密切配合		4	
	服从指挥，遵守课堂和实训室纪律		4	
	守正创新，自信自强		2	
合计			100	
自我评价				
教师评价				

项目 2 整流电路

项目导读

利用电力电子器件将交流电变为直流电的过程称为整流，能够实现整流的电路称为整流电路（又称 AC/DC 变换电路）。在我国的电力系统中，电能主要以交流电的形式进行传输，而许多电器使用的是直流电，这就需要利用整流电路对电力系统输入的交流电进行变换。

整流电路的工作特性和波形，以及各参数之间的数量关系，与整流电路所带负载的性质密切相关。因此，在分析整流电路时，需要根据其所带负载性质的不同分别进行分析。本项目主要介绍整流电路的基本知识，并分析典型整流电路在带不同负载时的工作原理和基本参数。

知识目标

- 了解整流电路的组成、分类及参数。
- 掌握单相半波可控整流电路的工作原理和基本参数。
- 掌握单相桥式全控整流电路的工作原理和基本参数。
- 掌握三相半波可控整流电路的工作原理和基本参数。
- 掌握三相桥式全控整流电路的工作原理和基本参数。

技能目标

- 能测试带电阻负载的单相半波可控整流电路。
- 能测试带电阻负载的三相桥式全控整流电路。

素质目标

- 增强节能环保意识。
- 养成节约用电的良好习惯。

任务 2.1　测试单相可控整流电路

任务引入

单相半波可控整流电路是最基础的可控整流电路，其他可控整流电路都是在其基础上发展形成的。如图 2-1 所示为带电阻负载的单相半波可控整流电路，它采用晶闸管 VT 作为整流器件，可通过控制 VT 门极触发脉冲输入的时刻来调节负载 R 两端的电压。该整流电路工作原理简单，成本较低，常用在对整流精度要求不高的小功率电器中。请选择合适的工具和器材，连接并测试带电阻负载的单相半波可控整流电路，分析其基本参数并绘制其工作波形。

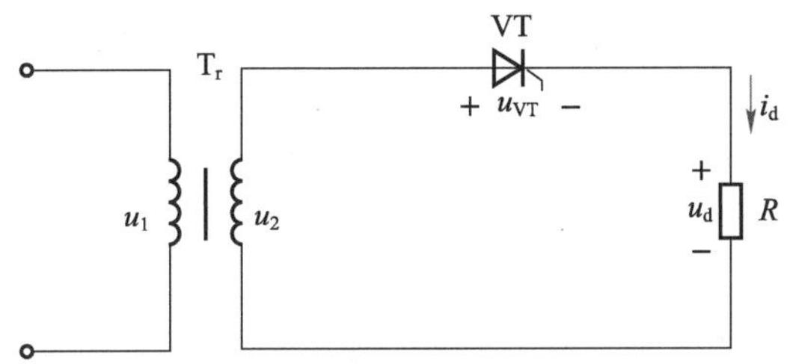

图 2-1　带电阻负载的单相半波可控整流电路

本任务的知识与技能要求如表 2-1 所示。

表 2-1　知识与技能要求

任务内容	测试单相可控整流电路	学习程度		
		识记	理解	应用
学习任务	整流电路的组成、分类及参数	●		
	带电阻负载的单相半波可控整流电路		●	
	带阻感负载的单相半波可控整流电路		●	
	带电阻负载的单相桥式全控整流电路		●	
	带阻感负载的单相桥式全控整流电路		●	
实训任务	测试带电阻负载的单相半波可控整流电路			●
自我勉励				

任务工单——测试带电阻负载的单相半波可控整流电路

测试带电阻负载的
单相半波可控整流电路

1．知识准备

在图 2-1 中，整流变压器 T_r 用于将外部输入的工频交流电变换为低压交流电，起降压和电气隔离的作用；u_1 和 u_2 分别表示 T_r 一次电压和二次电压的瞬时值，其有效值分别用 U_1 和 U_2 表示；晶闸管 VT 两端电压的瞬时值用 u_{VT} 表示；负载电阻 R 两端的电压即该整流电路输出的直流电压 u_d，其平均值用 U_d 表示；通过 R 的电流即该整流电路输出的直流电流 i_d，其平均值用 I_d 表示。在测试和分析整流电路时，通常认为晶闸管的正向电阻为零，反向电阻为无穷大，T_r 绕组的电阻为零。

触发延迟角是指在对整流电路进行相位控制时，触发脉冲滞后于晶闸管正向阳极电压的时间间隔，用电角度 α 表示。在带电阻负载的单相半波整流电路中，改变 α 的大小即可改变 VT 门极触发脉冲在电源电压各周期内出现的时刻，从而改变 U_d 的大小。

2．工具和器材准备

准备任务实施所需的工具和器材，补全表 2-2。

表 2-2 工具和器材清单

名称	规格	型号	数量	名称	规格	型号	数量
单相交流电源			1 路	电位器			1 个
数字万用表			1 台	示波器			1 台
晶闸管			1 个	导线			若干
晶闸管触发电路	DJK03-1		1 组				

笔记

3．任务实施

1）连接电路

选择合适的工具和器材，按图 2-2 连接电路。

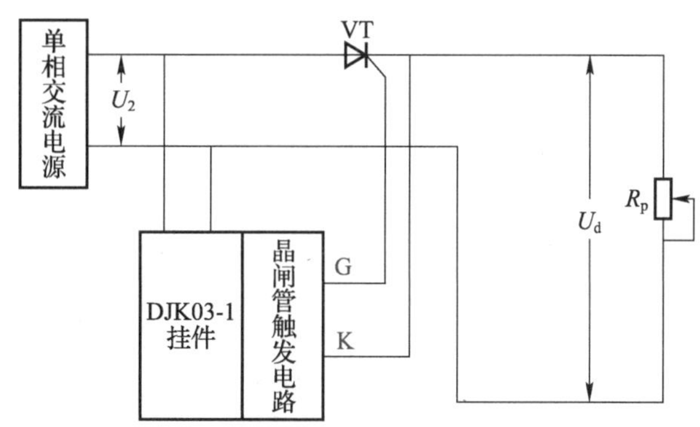

图 2-2　带电阻负载的单相半波可控整流电路的测试电路

2）测试电路

断开单相交流电源的开关，在其输入端接入 220 V 的工频交流电，然后按以下步骤进行测试。

（1）将 R_p 调至最大阻值处，闭合单相交流电源的开关。

（2）调节晶闸管触发电路输出的触发脉冲，令 $\alpha=\frac{\pi}{6}$，然后用示波器采集 u_2、u_{VT}、u_d 的波形。

（3）用数字万用表分别检测 U_2、U_{VT}（即 G、K 两端之间的电压）和 U_d 的值，将检测结果填入表 2-3 中。

（4）重复上述操作，分别令 α 为 $\frac{\pi}{3}$、$\frac{\pi}{2}$、$\frac{2\pi}{3}$、$\frac{5\pi}{6}$，用示波器分别采集 u_2、u_{VT}、u_d 在不同 α 下的波形，并用数字万用表分别检测 U_2、U_{VT}、U_d 在不同 α 下的值，将检测结果填入表 2-3 中。

（5）操作结束后，关闭电源，拆除电路，按要求整理实验台。

表 2-3　带电阻负载的单相半波可控整流电路基本参数的测试数据

α	U_2/V	U_{VT}/V	U_d/V
$\frac{\pi}{6}$			
$\frac{\pi}{3}$			

（续表）

α	U_2/V	U_{VT}/V	U_d/V
$\frac{\pi}{2}$			
$\frac{2\pi}{3}$			
$\frac{5\pi}{6}$			

3）绘制 u_{VT} 、 u_d 的波形曲线

结合表 2-3 中的数据，分别在图 2-3 和图 2-4 中绘制出当 $\alpha=\frac{\pi}{6}$ 时 u_{VT} 和 u_d 的波形曲线。

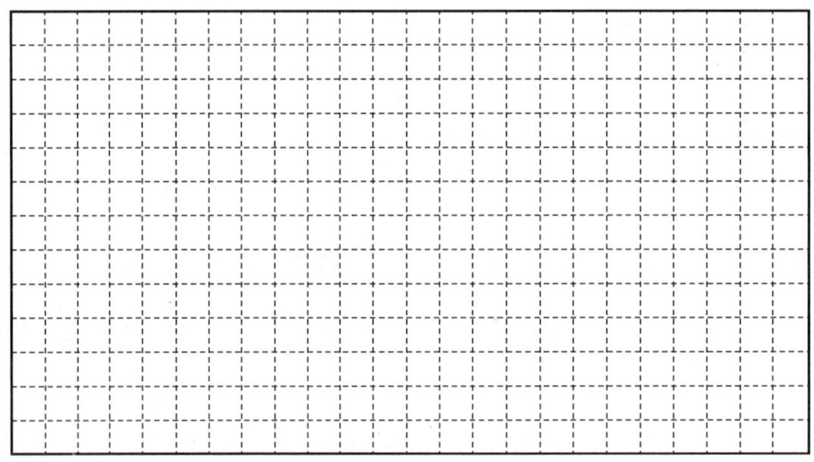

图 2-3　绘制当 $\alpha=\frac{\pi}{6}$ 时 u_{VT} 的波形曲线

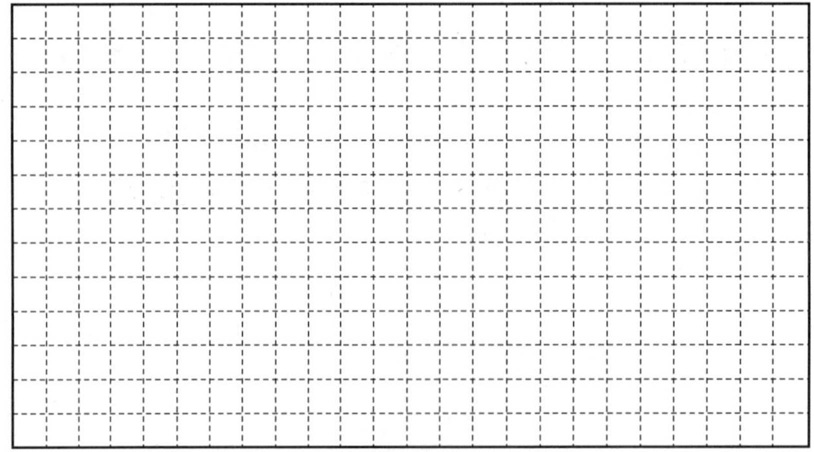

图 2-4　绘制当 $\alpha=\frac{\pi}{6}$ 时 u_d 的波形曲线

点　拨

在任务实施的过程中要注意个人及设备安全，在连接和拆除电路前应断开电源，严禁带电操作。

结论：当 α ________（减小/增大）时，U_{d} ________（减小/增大）；当 $\alpha=\pi$ 时，$U_{\mathrm{d}}=$________。

创想天地

除了带电阻负载，单相半波可控整流电路在使用中还有可能带其他类型的负载，如阻感负载等。请结合本工单内容，讨论在带阻感负载的情况下，单相半波可控整流电路的工作情况。

4．任务评价

请指导教师按照学生的实际表现情况进行评分，并将评分结果填入表 2-4 中。

表 2-4　考核评价表

评价项目	评价标准	满分/分	实际得分/分	指导教师评语
技能操作	能正确连接带电阻负载的单相半波可控整流电路的测试电路	20		
	能正确测试带电阻负载的单相半波可控整流电路	20		
	能正确检测所测电路的有关参数并绘制波形曲线	30		
	测试完毕后能正确拆除电路，整理器材并归位	10		
参与程度	认真参加活动，积极思考，主动与同学、指导教师进行交流，善于发现和解决问题	10		
合作意识	积极参与探讨，勇于接受任务，敢于承担责任，团结协作，组织和协调能力强	10		
总分		100		

2.1.1　整流电路概述

在工业生产和日常生活中，电能主要以交流电的形式进行传输。除了用交流电给直流用电设备供电的场合，直流变直流（DC/DC）、直流变交流（DC/AC）的场合也需要先对交流电进行整流，因此整流电路的应用十分广泛。如图 2-5 所示为整流电路在日常生活中的应用实例，包括电源适配器、手机充电器、直流稳压电源等。

（a）电源适配器　　（b）手机充电器　　（c）直流稳压电源

图 2-5　整流电路在日常生活中的应用实例

1．整流电路的组成

整流电路通常由整流变压器、整流主电路、滤波器等组成。其中，整流变压器的作用是实现交流输入电压与直流输出电压间的匹配，以及交流电网与整流电路之间的电气隔离；整流主电路主要由电力二极管或晶闸管等组成，用于将交流电变换为脉动直流电；滤波器接在整流主电路与负载之间，用于滤除脉动直流电中的交流成分。

2．整流电路的分类

整流电路可按控制特性、电路结构、交流电源的相数等进行分类。

1）按控制特性分类

根据控制特性的不同，整流电路可分为不可控整流电路和可控整流电路两种。其中，不可控整流电路采用电力二极管作为整流器件，电路输出的直流电压与输入的交流电压（有效值）之比是固定不变的；可控整流电路采用晶闸管作为主要整流器件，电路输出直流电压的大小可通过控制晶闸管门极触发脉冲输入的时刻来调节。

点　拨

采用电力二极管的整流电路，其故障率比较高，主要原因是电力二极管容易因过流而出现开路或击穿故障。电力二极管的故障可通过测量其正、反向电阻来检测。

2）按电路结构分类

根据电路结构的不同，整流电路可分为零式整流电路和桥式整流电路两种。零式整流电路通常在内部串联一个晶闸管，通过控制晶闸管开通的时间来控制电流在半个周期内通过负载的时间；而电流在另半个周期则被晶闸管阻断，负载没有电流通过。因此，零式整流电路又称半波整流电路。桥式整流电路是全波整流电路的一种，可视为由两组半波整流电路并联而成的整流电路。这两组半波整流电路一组接成共阴极，一组接成共阳极，分别与负载两端相连。

3）按交流电源的相数分类

根据交流电源相数的不同，整流电路可分为单相整流电路和多相整流电路。单相整流电路的交流侧为单相电，电路带负载能力一般较小，适用于小功率整流的场合。多相整流电路通常是指三相整流电路，其交流侧为三相电，电路带负载能力较大，输出直流电压的脉动较小，易滤波，适用于大功率整流的场合。

3．整流电路的参数

整流电路的参数能够反映电路中整流器件的工作情况和电路的工作性能。整流器件在开通和关断的过程中，整流电路的工作波形会发生变化，可通过对整流电路参数的测量和计算，分析整流电路的性能。整流电路的参数主要包括直流输出电压 U_d 和直流输出电流 I_d，它们分别反映了整流电路输出直流电压和输出直流电流的大小。

此外，在使用整流电路时还需要确定各整流器件所承受的最大正、反向电压和通过整流器件的正向平均电流，以合理地选择整流器件，最大限度地发挥整流器件的性能。

整流电路的工作波形主要包括：① 整流电路输出电压和输出电流的波形；② 整流电路中整流器件电压和电流的波形；③ 整流电路交流侧电流的波形。

除了 α，为更准确地描述整流电路的工作过程，人们还引入了其他参数，如导通角、移相范围等。导通角是指晶闸管在一个周期内保持通态的电角度，用 θ 表示，$\theta=\pi-\alpha$。移相是指通过改变 α 的大小来改变触发脉冲相对于正向电压出现时刻的相位，它用于改变晶闸管实现开通的时刻，以改变输出电压的大小，而 α 的变化范围即移相范围。

通过控制触发脉冲的相位来控制输出电压大小的操作称为相位控制，简称相控。

2.1.2　单相半波可控整流电路

可控整流电路常带的负载有电阻负载、阻感负载和反电动势负载三种。单相半波可控整流电路所带负载的性质不同，电路的工作特性和工作波形差别很大。下面主要对带电阻负载和带阻感负载的单相半波可控整流电路进行分析。

1．带电阻负载的单相半波可控整流电路

1）工作原理

带电阻负载的单相半波可控整流电路在晶闸管处于不同的工作状态时，其工作特性、工作波形及各参数之间的数量关系都会产生明显的变化，因此需要对该整流电路进行分析，以判断其性能和特点。

在对带电阻负载的单相半波可控整流电路进行波形分析时，假设晶闸管工作在理想状态，则电路的工作波形如图 2-6 所示。其中，u_G 为施加在晶闸管门极的触发脉冲。

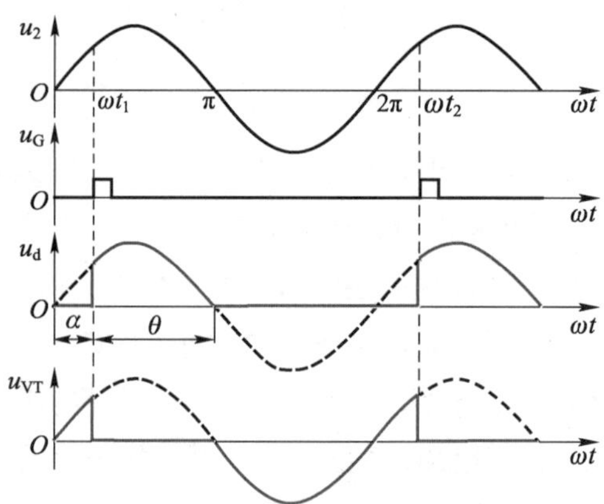

图 2-6 带电阻负载的单相半波可控整流电路的工作波形

由图 2-6 可知，当$0\leqslant\omega t<\omega t_1$时，VT 因无$u_G$而处于断态，带电阻负载的单相半波可控整流电路中无电流通过，$u_d=0\ \text{V}$，u_2全部施加在 VT 的阳极和阴极之间，即$u_{VT}=u_2$。当$\omega t=\omega t_1$时，VT 因接收到u_G而开通，此时的 VT 相当于一根导线，$u_{VT}=0\ \text{V}$，而$u_d=u_2$。当$\omega t_1<\omega t<\pi$时，即使 VT 的u_G消失，VT 仍将保持通态。当$\omega t=\pi$时，$u_2=0\ \text{V}$，VT 因维持其开通的正向电压消失而关断，此时该整流电路中无电流通过，$u_d=0\ \text{V}$。当$\pi<\omega t<2\pi$时，u_2反向，VT 因承受反向电压而处于断态，此时该整流电路中无电流通过，$u_d=0\ \text{V}$，$u_{VT}=u_2$。在下一个周期，VT 开通，该整流电路的工作波形将重复上述变化过程。

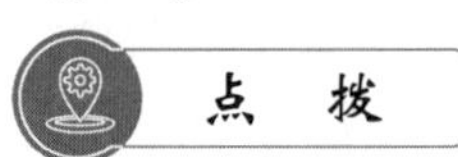

点　拨

在带电阻负载的单相半波可控整流电路中，由欧姆定律可知$i_d=u_d/R$，因此电流i_d的波形、相位与图 2-6 中u_d的波形、相位相同。

通过上述分析，可得到以下结论。

（1）在一个周期内，带电阻负载的单相半波可控整流电路中u_d的波形只在u_2的正半周期内出现，因此称为“半波整流电路”。

（2）u_d是脉动直流电压，特点是极性不变、幅值变化，其脉动频率与电源电压的频率一致。

（3）VT 在承受正向电压的同时，只有在其门极接收到u_G后才会开通。带电阻负载的单相半波可控整流电路的移相范围是 0～π。

2）基本参数

带电阻负载的单相半波可控整流电路基本参数的计算公式如下。

（1）输出电压为

$$U_{\mathrm{d}}=\frac{1}{2\pi}\int_{\alpha}^{\pi}\sqrt{2}U_2\sin\omega t\mathrm{d}\omega t=\frac{\sqrt{2}U_2}{2\pi}(1+\cos\alpha)\approx 0.23U_2(1+\cos\alpha) \quad (2\text{-}1)$$

（2）输出电流为

$$I_{\mathrm{d}}=\frac{U_{\mathrm{d}}}{R}=0.23\frac{U_2}{R}(1+\cos\alpha) \quad (2\text{-}2)$$

（3）晶闸管所承受的最大反向电压为

$$U_{\mathrm{TM}}=\sqrt{2}U_2 \quad (2\text{-}3)$$

（4）通过晶闸管的电流平均值为

$$I_{\mathrm{VT}}=I_{\mathrm{d}} \quad (2\text{-}4)$$

（5）通过晶闸管的电流有效值为

$$I_{\mathrm{VTn}}=\frac{U_2}{R}\sqrt{\frac{\pi-\alpha}{2\pi}+\frac{\sin 2\alpha}{4\pi}} \quad (2\text{-}5)$$

【例 2-1】　假设有一个单相半波可控整流电路对电阻负载供电，主要整流器件为一个晶闸管。已知电源电压 u_2 为 220 V，该整流电路的输出电压为 50 V，输出电流为 20 A，那么此时晶闸管的触发延迟角为多少？晶闸管的型号又应如何选择？

【解】（1）根据式（2-1）可知

$$\cos\alpha=\frac{U_{\mathrm{d}}}{0.23U_2}-1\approx 0$$

$$\alpha=\arccos(0)\approx\frac{\pi}{2}$$

（2）根据欧姆定律可知，该整流电路中负载电阻的阻值为

$$R=\frac{U_{\mathrm{d}}}{I_{\mathrm{d}}}=2.5(\Omega)$$

（3）根据式（2-5）可知，通过晶闸管的电流有效值为

$$I_{\mathrm{VTn}}=\frac{U_2}{R}\sqrt{\frac{\pi-\alpha}{2\pi}+\frac{\sin 2\alpha}{4\pi}}=44(\mathrm{A})$$

（4）根据式（1-2）可知，晶闸管额定电流的取值范围为

$$I_{\mathrm{TN}}=(1.5\sim 2)\frac{I_{\mathrm{VTn}}}{1.57}\approx 42\sim 56(\mathrm{A})$$

按照晶闸管的电流等级，晶闸管的额定电流可取 50 A。

（5）根据式（2-3）可知，晶闸管所承受的最大反向电压为

$$U_{TM}=\sqrt{2}U_2\approx311(V)$$

则晶闸管额定电压的取值范围为

$$U_{TN}=(2\sim3)U_{TM}=622\sim933(V)$$

按照晶闸管的电压等级，晶闸管的额定电压可取 700 V。综上，晶闸管可选择的型号为 KP50-7。

2．带阻感负载的单相半波可控整流电路

1）无续流二极管时的工作原理

在实际工作中，整流电路常见的负载是电感和电阻的组合，当电感的感抗 ωL 对电路的影响不可忽略时，负载即阻感负载。如图 2-7 所示为无续流二极管时带阻感负载的单相半波可控整流电路及其工作波形，其中电感用 L 表示。

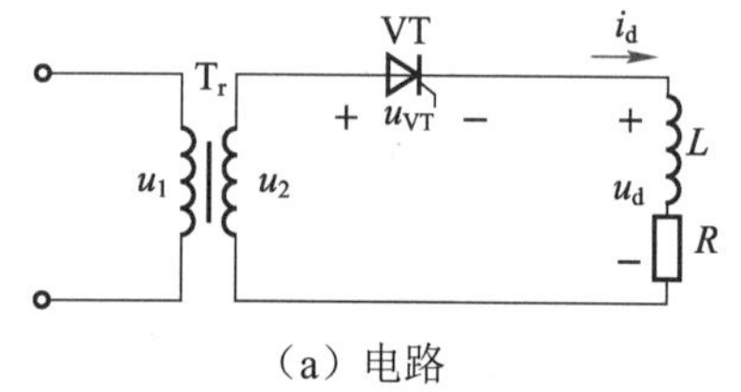

（a）电路

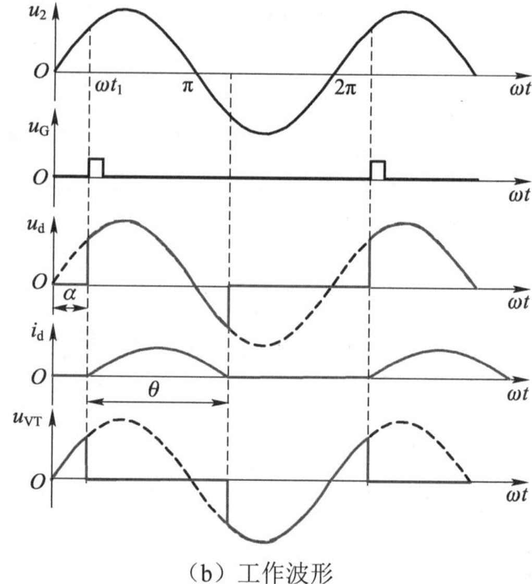

（b）工作波形

图 2-7　无续流二极管时带阻感负载的单相半波可控整流电路及其工作波形

在图 2-7（a）中，L 对电流的变化具有阻碍作用：当 i_d 增大时，L 将阻止其增大；当 i_d 减小时，L 又将阻止其减小。这会使通过阻感负载的电流不能产生突变。从图 2-7（b）中可看出，由于 L 延长了晶闸管的关断时间，使 u_d 的波形曲线中出现了负值，从而使电路输出的 U_d 降低。由于阻感负载不仅会消耗电能，还会储存和释放电能，使电路的输出功率减小，因此通常需要在阻感负载的两端并联一个续流二极管，以保证该整流电路能够正常工作。

2）有续流二极管时的工作原理

如图 2-8 所示为有续流二极管时带阻感负载的单相半波可控整流电路及其工作波形，其中 VD 表示续流二极管。从图 2-8（b）中可看出，当 u_2 为正时，VT 在 ωt_1 时刻开通，此时 VD 因承受反向电压而关断；当 u_2 为负时，该整流电路通过 VD 对 VT 施加反向电压，使 VT 关断，此时 L 开始释放其储存的电能，以保证 i_d 继续在“$L \rightarrow R \rightarrow$VD”回路中流动，从而使 u_d 的波形曲线不再出现负值，此过程通常称为续流。

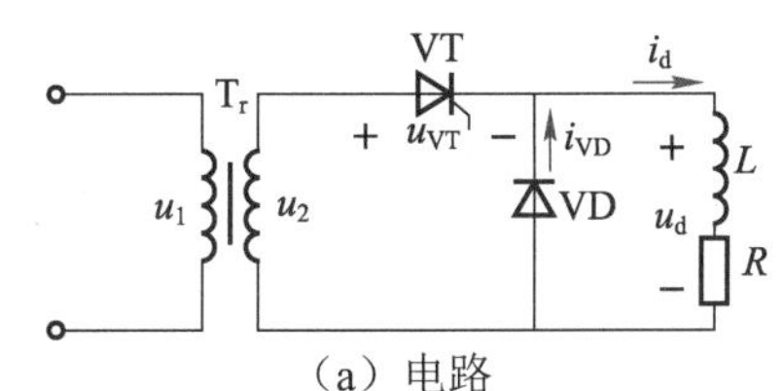

（a）电路

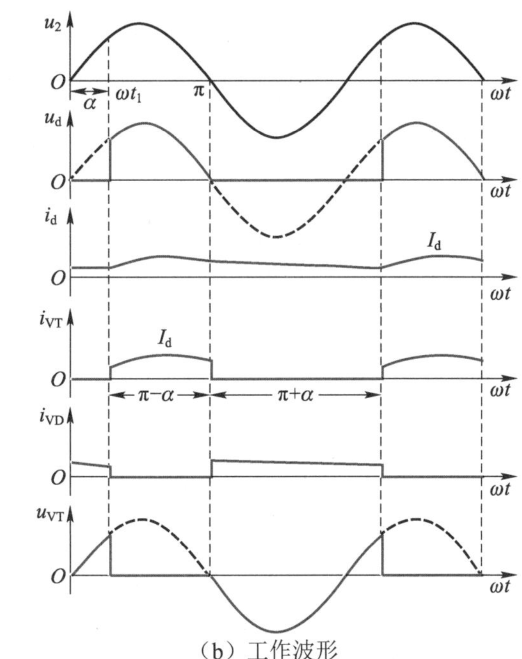

（b）工作波形

图 2-8　有续流二极管时带阻感负载的单相半波可控整流电路及其工作波形

由上述分析可知，该整流电路的 L 在 π～2π 区间释放其储存的电能，使电流通过 VD 构成回路；该整流电路的输出电压波形曲线与带电阻负载的单相半波可控整流电路的输出电压波形曲线相同，且与 L 的大小无关，只受 α 影响；当该整流电路中的 L 足够大，即 $\omega L \gg R$ 时，VD 在 VT 关断期间保持开通，从而使 i_d 的波形连续且近似于一条水平直线。

砥节砺行

在单相半波可控整流电路中，可通过改变触发延迟角来改变电路的输出电压，以便为不同的负载提供相应的电能，同时提高电能的利用率。电能是极宝贵的二次能源，通过科学技术可有效降低电能的浪费。而我们在日常生活和学习工作中，也要养成节约用电的习惯，加强节能意识。

3）基本参数

带阻感负载的单相半波可控整流电路基本参数的计算公式如下。

（1）通过晶闸管的电流平均值和电流有效值分别为

$$I_{VT}=\frac{\pi-\alpha}{2\pi}I_d \tag{2-6}$$

$$I_{VTn}=\sqrt{\frac{1}{2\pi}\int_{\alpha}^{\pi}I_d^2\mathrm{d}\omega t}=I_d\sqrt{\frac{\pi-\alpha}{2\pi}} \tag{2-7}$$

（2）通过续流二极管的电流平均值和电流有效值分别为

$$I_{VD}=\frac{\pi+\alpha}{2\pi}I_d \tag{2-8}$$

$$I_{VDn}=\sqrt{\frac{1}{2\pi}\int_{0}^{2\pi+\alpha}I_d^2\mathrm{d}\omega t}=I_d\sqrt{\frac{\pi+\alpha}{2\pi}} \tag{2-9}$$

（3）晶闸管所承受的最大正向电压和续流二极管所承受的最大反向电压为

$$U_{TM}=U_{VDM}=\sqrt{2}U_2 \tag{2-10}$$

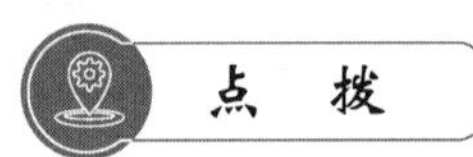

对于带阻感负载的单相半波可控整流电路，由于电路中电感的存在，晶闸管的正向电流增长缓慢。若门极 u_G 的波形宽度较小，则可能会出现晶闸管的正向电流还未增大到晶闸管的 I_L 时 u_G 便已消失的情况，从而使晶闸管无法开通而处于断态。

笔记

2.1.3　单相桥式全控整流电路

相较于单相半波整流电路，单相桥式整流电路输出波形好，T_r 不会出现直流磁化现象，工作效率更高，应用范围更广。单相桥式整流电路可分为单相桥式全控整流电路和单相桥式半控整流电路两种，其中前者更为常用。下面主要对单相桥式全控整流电路进行介绍。

1. 带电阻负载的单相桥式全控整流电路

1）工作原理

如图 2-9 所示为带电阻负载的单相桥式全控整流电路及其工作波形，该整流电路主要由四个晶闸管 VT_1～VT_4、T_r 和 R 组成。其中，VT_1、VT_4 组成一组桥臂，VT_2、VT_3 组成另一组桥臂，而 T_r 二次绕组的两端分别与这两组桥臂的中点 a 端和 b 端相连。

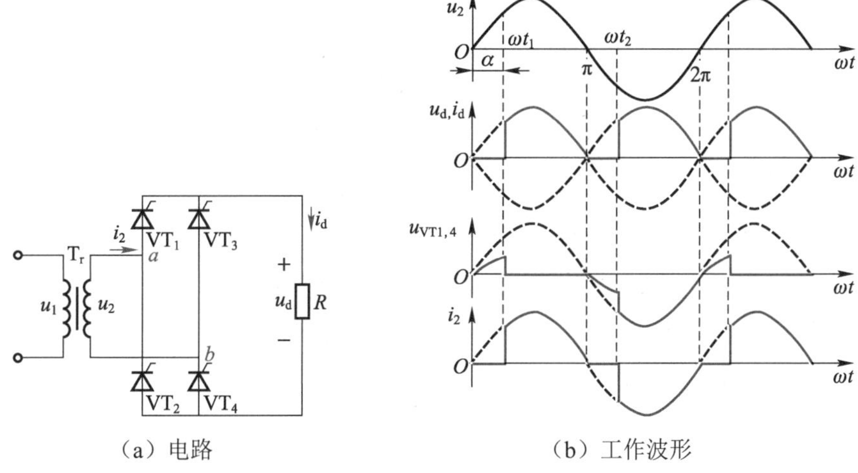

（a）电路　　（b）工作波形

图 2-9　带电阻负载的单相桥式全控整流电路及其工作波形

在图 2-9（b）中，在 u_2 的正半周期，a 端电位高于 b 端电位，u_{ab} 为正。当 $0 \leqslant \omega t < \omega t_1$ 时，四个晶闸管均处于断态，u_2 由 VT_1、VT_4 共同承担，且 $u_{VT1} = u_{VT4} = u_2/2$。当 $\omega t = \omega t_1$ 时，VT_1、VT_4 因接收到 u_G 而开通，i_2 沿着“$a \to VT_1 \to R \to VT_4 \to b$”回路流动，此时 u_d 与 i_d 均为正向，其波形与 i_2 的波形相同。

同理，在 u_2 的负半周期，a 端电位低于 b 端电位，u_{ab} 为负，VT_1、VT_4 因承受反向电压而关断，而此时的 VT_2、VT_3 开始承受正向电压。当 $\omega t = \omega t_2$ 时，VT_2、VT_3 因接收到 u_G 而开通，i_2 沿着“$b \to VT_3 \to R \to VT_2 \to a$”回路流动，此时 u_d 与 i_d 仍为正向，但其波形与 i_2 的波形相反。

在下一个周期，该整流电路的工作波形将重复上述变化过程。

点　拨

在图 2-9 中，由于在 u_2 的正半周期和负半周期，该整流电路都有 i_d 通过负载，故该整流电路为全波整流。

通过上述分析，可发现该整流电路中两组桥臂的晶闸管触发脉冲在相位上相差 π，这两组晶闸管的导通角均为 $\theta = \pi - \alpha$；u_d 的波形在一个周期内脉动两次，次数多于带电阻负载的单相半波整流电路的u_d。在单相桥式全控整流电路中i_2的正半周期与负半周期的方向相反且波形对称，因此该整流电路不会出现直流磁化现象。

2）基本参数

带电阻负载的单相桥式全控整流电路基本参数的计算公式如下。

（1）输出电压和输出电流分别为

$$U_d=\frac{1}{\pi}\int_{\alpha}^{\pi}\sqrt{2}U_2\sin\omega t\mathrm{d}\omega t=\frac{\sqrt{2}U_2}{\pi}(1+\cos\alpha)\approx 0.45U_2(1+\cos\alpha) \tag{2-11}$$

$$I_d=\frac{U_d}{R}=0.45\frac{U_2}{R}(1+\cos\alpha) \tag{2-12}$$

（2）在晶闸管未开通时，假设同一组桥臂上的两个晶闸管的漏电阻相等，每个晶闸管分得电源电压的一半，则每个晶闸管所承受的最大正向电压和最大反向电压分别为

$$U_{FM}=\frac{\sqrt{2}U_2}{2} \tag{2-13}$$

$$U_{TM}=\sqrt{2}U_2 \tag{2-14}$$

（3）由于两组桥臂上的晶闸管轮流开通，因此通过各晶闸管的电流平均值为电路输出电流的一半，即

$$I_{VT}=\frac{1}{2}I_d\approx 0.23\frac{U_2}{R}(1+\cos\alpha) \tag{2-15}$$

（4）通过各晶闸管的电流有效值为

$$I_{VTn}=\sqrt{\frac{1}{2\pi}\int_{\alpha}^{\pi}\left(\frac{\sqrt{2}U_2}{R}\sin\omega t\right)^2\mathrm{d}\omega t}=\frac{U_2}{R}\sqrt{\frac{\sin 2\alpha}{4\pi}+\frac{\pi-\alpha}{2\pi}} \tag{2-16}$$

笔记

2. 带阻感负载的单相桥式全控整流电路

1）工作原理

如图 2-10 所示为带阻感负载的单相桥式全控整流电路及其工作波形。

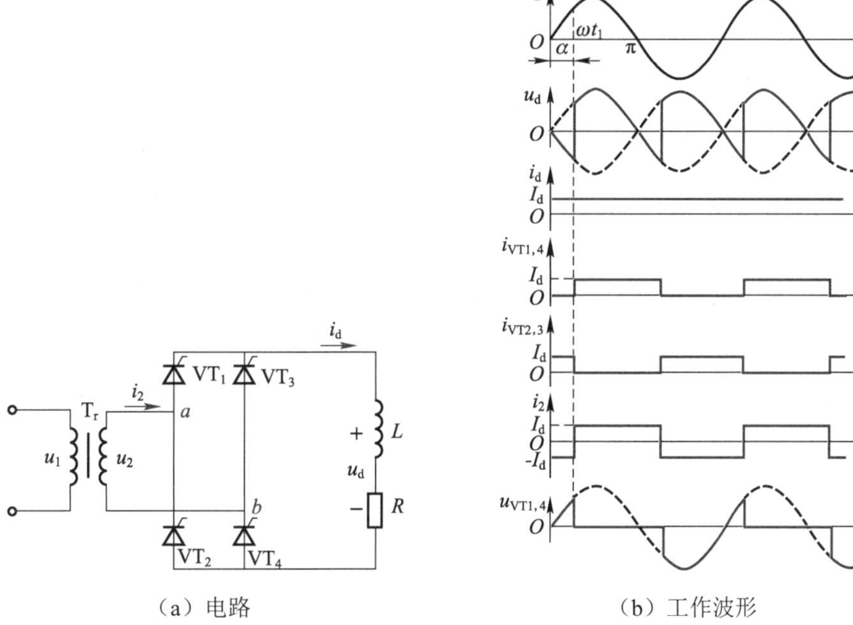

（a）电路　　（b）工作波形

图 2-10　带阻感负载的单相桥式全控整流电路及其工作波形

在 u_2 的正半周期，当 $\omega t=\alpha$ 时，VT_1、VT_4 开通；当 $\alpha\leqslant\omega t<\pi$ 时，$u_d=u_2$，其中 L 的存在起到了平波的作用，此时 i_d 的波形近似于一条直线。在 u_2 的负半周期，当 $\pi\leqslant\omega t<\pi+\alpha$ 时，VT_1、VT_4 在 L 的作用下继续保持通态，此时 u_d 的波形中出现了负值；当 $\omega t=\pi+\alpha$ 时，VT_2、VT_3 开通，VT_1、VT_4 因承受反向电压而关断，通过 VT_1、VT_4 的电流迅速转移到 VT_2、VT_3 上，电路中的电流由一个支路向另一个支路转移而不中断的过程称为换相（又称换流）。两组桥臂上的晶闸管电流在一个周期内交替出现矩形波，并在下一个周期重复上述变化过程。

2）基本参数

带阻感负载的单相桥式全控整流电路基本参数的计算公式如下。

（1）输出电压和输出电流分别为

$$U_d=\frac{1}{\pi}\int_{\alpha}^{\pi+\alpha}\sqrt{2}U_2\sin\omega t\mathrm{d}\omega t=0.9U_2\cos\alpha \tag{2-17}$$

$$I_d=\frac{U_d}{R}=0.9\frac{U_2}{R}\cos\alpha \tag{2-18}$$

（2）各晶闸管所承受的最大正、反向电压为

$$U_{FM}=U_{TM}=\sqrt{2}U_2 \tag{2-19}$$

（3）由于 L 的作用，u_d 的波形会出现负值。当 L 无限大、晶闸管的 α 在 $0\sim\frac{\pi}{2}$ 之间变化时，导通角 $\theta=\pi$，θ 与 α 无关，通过各晶闸管的电流波形为矩形。因此，通过各晶闸管的电流平均值 I_{VT} 和电流有效值 I_{VTn} 分别为

$$I_{VT}=0.5I_d \tag{2-20}$$

$$I_{VTn}=\frac{1}{\sqrt{2}}I_d\approx 0.707I_d \tag{2-21}$$

【例 2-2】 假设有一个单相桥式全控整流电路向阻感负载供电，且电感 L 足够大，该整流电路的输出电压为 30 V，触发延迟角 $\alpha=\frac{\pi}{3}$，输出电流 I_d 可达 20 A。计算整流变压器的二次电压 U_2、晶闸管额定电压 U_{TN} 和额定电流 I_{TN}。

【解】根据式（2-17）可知，整流变压器的二次电压为

$$U_2=\frac{U_d}{0.9\cos\alpha}=\frac{30}{0.9\times\cos\frac{\pi}{3}}\approx 66.67(\text{V})$$

晶闸管的额定电压为

$$U_{TN}=(2\sim3)\sqrt{2}U_2\approx 188.54\sim282.81(\text{V})$$

根据式（2-21）可知，通过晶闸管的电流有效值为

$$I_{VTn}=\frac{1}{\sqrt{2}}I_d\approx 14.14(\text{A})$$

根据式（1-2）可知，晶闸管的额定电流为

$$I_{TN}=(1.5\sim2)\frac{I_{VTn}}{1.57}=13.51\sim18.01(\text{A})$$

任务 2.2　测试三相可控整流电路

任务引入

三相可控整流电路由于其交流侧采用三相交流电源供电，因此常用于负载功率较大、要求直流电压脉动小且易滤波的场合。目前，常用的三相可控整流电路是三相桥式全控整流电路，它广泛应用于直流电动机的供电，交流电动机的调速，以及电能的收集、储存等场合。如图 2-11 所示为带电阻负载的三相桥式全控整流电路，请选择合适的工具和器材，连接并测试该整流电路，分析其基本参数并绘制其工作波形。

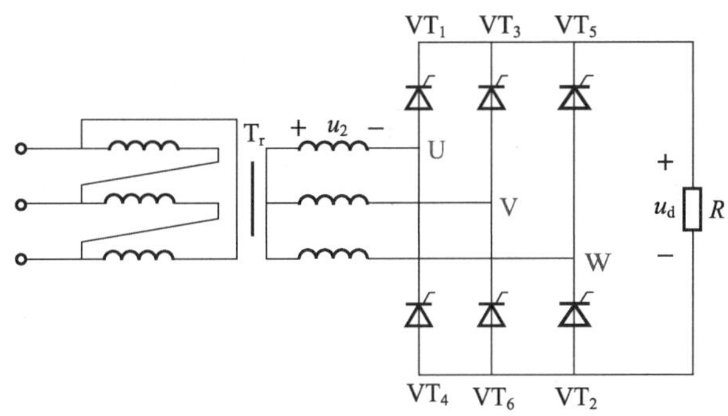

图 2-11　带电阻负载的三相桥式全控整流电路

本任务的知识与技能要求如表 2-5 所示。

表 2-5　知识与技能要求

任务内容	测试三相可控整流电路	学习程度		
		识记	理解	应用
学习任务	带电阻负载的三相半波可控整流电路		●	
	带阻感负载的三相半波可控整流电路		●	
	带电阻负载的三相桥式全控整流电路		●	
	带阻感负载的三相桥式全控整流电路		●	
实训任务	测试带电阻负载的三相桥式全控整流电路			●
自我勉励				

任务工单——测试带电阻负载的三相桥式全控整流电路

1. 知识准备

测试带电阻负载的三相桥式全控整流电路

三相桥式全控整流电路是工业中应用非常广泛的一种整流电路。在图 2-11 中，共有六个晶闸管 VT_1 ~ VT_6。其中，VT_1、VT_3、VT_5 形成共阴极组，它们的阳极分别与三相交流电源的 U 相、V 相、W 相相连；VT_4、VT_6、VT_2 形成共阳极组，它们的阴极分别与三相交流电源的 U 相、V 相、W 相相连。

图 2-11 所示的电路开始工作后，晶闸管开通的顺序为 $VT_1-VT_2-VT_3-VT_4-VT_5-VT_6$。其中，共阴极组在 T_r 二次侧电压的正半周期开通，通过 T_r 的相电流为正向电流；共阳极组在 T_r 二次侧电压的负半周期开通，通过 T_r 的相电流为反向电流。因此，T_r 的每相绕组在正半周期和负半周期都有电流通过，从而实现全波整流。

2. 工具和器材准备

准备任务实施所需的工具和器材，补全表 2-6。

表 2-6　工具和器材清单

名称	规格	型号	数量	名称	规格	型号	数量
三相交流电源			1 路	电位器			1 个
数字万用表			1 台	示波器			1 台
晶闸管			6 个	导线			若干
晶闸管触发电路	DJK02-1		6 组				

3. 任务实施

1）连接电路

选择合适的工具和器材，按图 2-12 连接电路。

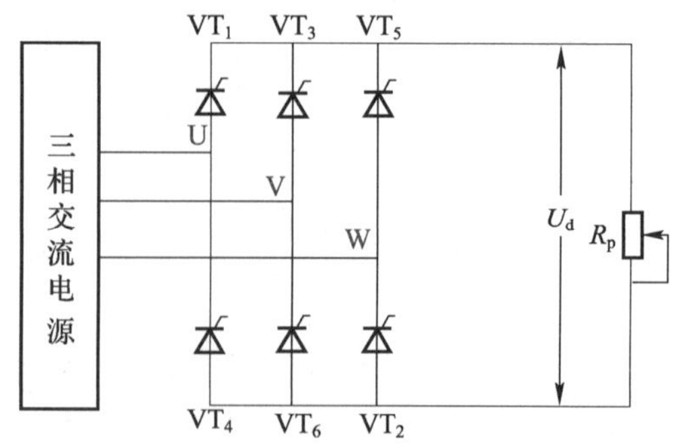

图 2-12　带电阻负载的三相桥式全控整流电路的测试电路

2）测试电路

断开三相交流电源的开关，在其输入端接入 380 V 的三相工频交流电，然后按以下步骤进行操作。

（1）将 R_p 调至最大阻值处，闭合三相交流电源的开关。

（2）调节晶闸管触发电路输出的触发脉冲，令 $\alpha=\frac{\pi}{6}$，然后用示波器分别采集 u_2、u_{VT1}、u_d 的波形。

（3）用数字万用表分别检测 U_2、U_{VT1}、U_d 的值，将检测结果填入表 2-7 中。

（4）调节晶闸管触发电路输出的触发脉冲，分别令 α 为 $\frac{\pi}{3}$ 和 $\frac{\pi}{2}$，用示波器分别采集 u_2、u_{VT1}、u_d 在不同 α 下的波形，用数字万用表分别检测 U_2、U_{VT1}、U_d 在不同 α 下的值，将检测结果填入表 2-7 中。

（5）操作结束后，关闭电源，拆除电路，按要求整理实验台。

表 2-7　带电阻负载的三相桥式全控整流电路基本参数的测试数据

α	U_2/V	U_{VT1}/V	U_d/V
$\frac{\pi}{6}$			
$\frac{\pi}{3}$			
$\frac{\pi}{2}$			

3）绘制 u_{VT1}、u_d 的波形曲线

结合表 2-7 中的数据，分别在图 2-13 和图 2-14 中绘制出当 $\alpha=\frac{\pi}{6}$ 时 u_{VT1} 和 u_d 的波形曲线。

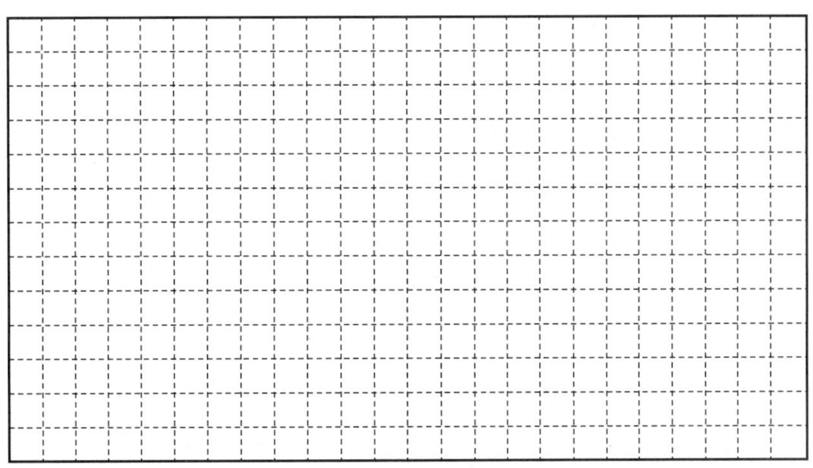

图 2-13　绘制当 $\alpha=\frac{\pi}{6}$ 时 u_{VT1} 的波形曲线

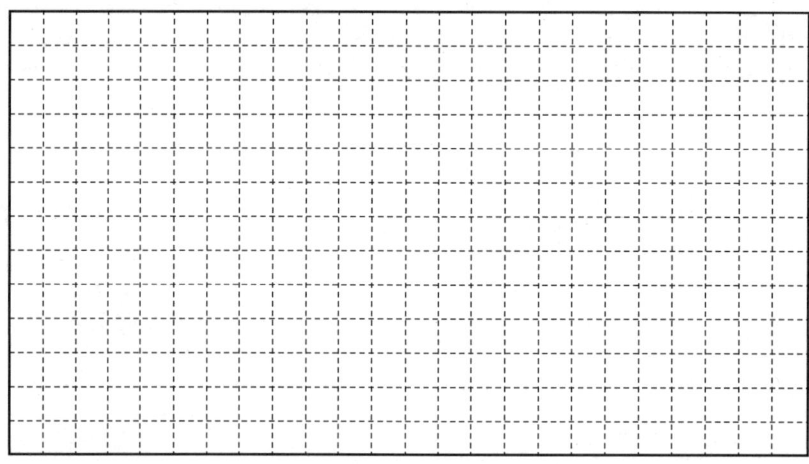

图 2-14　绘制当 $\alpha=\frac{\pi}{6}$ 时 u_d 的波形曲线

结论：

（1）带电阻负载的三相桥式全控整流电路的 u_d 在一个周期内脉动________次，每次脉动的波形都相同。

（2）带电阻负载的三相桥式全控整流电路在形成回路的启动过程中，或在出现电流断续的情况时，为确保电路正常工作需要保证有________个晶闸管同时处于通态。

创想天地

在实际中，三相桥式全控整流电路还有可能带其他特性的负载，如阻感负载、反电动势负载等。请结合本工单内容，设想一下在带阻感负载的情况下，三相桥式全控整流电路的工作情况。

4．任务评价

请指导教师按照学生的实际表现情况进行评分，并将评分结果填入表 2-8 中。

表 2-8　考核评价表

评价项目	评价标准	满分/分	实际得分/分	指导教师评语
技能操作	能正确连接带电阻负载的三相桥式全控整流电路的测试电路	20		
	能正确测试带电阻负载的三相桥式全控整流电路	20		
	能正确检测所测电路的输出电压并绘制波形曲线	30		
	测试完毕后能正确拆除电路，整理器材并归位	10		

（续表）

评价项目	评价标准	满分/分	实际得分/分	指导教师评语
参与程度	认真参加活动，积极思考，主动与同学、指导教师进行交流，善于发现和解决问题	10		
合作意识	积极参与探讨，勇于接受任务，敢于承担责任，团结协作，组织和协调能力强	10		
总分		100		

2.2.1　三相半波可控整流电路

三相半波可控整流电路是最基本的三相可控整流电路，其他三相可控整流电路都是在其基础上演变而来的。根据晶闸管接线方式的不同，三相半波可控整流电路可分为三相半波共阴极组可控整流电路和三相半波共阳极组可控整流电路，其中三相半波共阴极组可控整流电路的触发电路有公共端，接线更方便，应用更广泛。若无特别说明，本书所指的三相半波可控整流电路均是指三相半波共阴极组可控整流电路。

1. 带电阻负载的三相半波可控整流电路

1）工作原理

如图 2-15 所示为带电阻负载的三相半波可控整流电路，它主要由三个共阴极的晶闸管 VT_1、VT_2、VT_3，以及 T_r、R 组成。

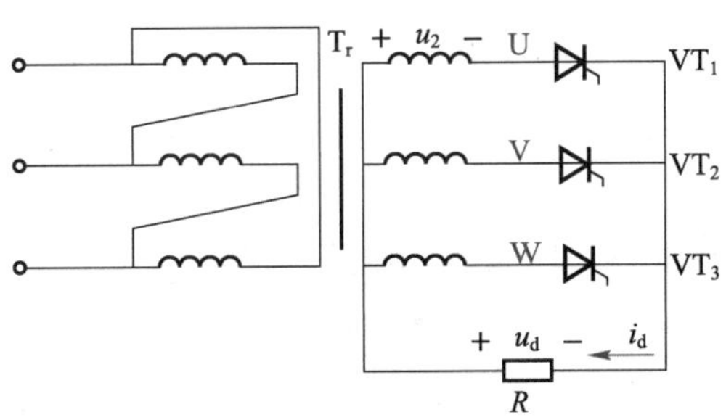

图 2-15　带电阻负载的三相半波可控整流电路

（1）当 $\alpha=0$ 时的工作波形。

如图 2-16 所示为当 $\alpha=0$ 时带电阻负载的三相半波可控整流电路的工作波形。其中，α 的起点不再是各相电压由负变正的零点，而是各相电压的交点，即 u_2 波形曲线横坐标上 ωt_1、ωt_2、ωt_3、ωt_4 对应相电压的交点，这些交点称为自然换相点。当 $\alpha=0$ 时，自然换相点是各晶闸管开通的时刻。下面以 VT_1 为例进行波形分析。

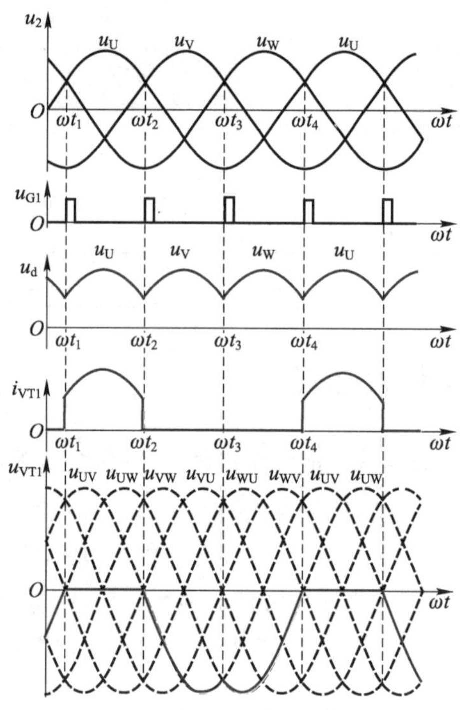

图 2-16　当 $\alpha=0$ 时带电阻负载的三相半波可控整流电路的工作波形

在 ωt_1～ωt_2 区间，$u_U>u_V$，$u_U>u_W$，VT_1 在 u_U 和 u_{G1} 的共同作用下开通，VT_2、VT_3 因承受反向电压而处于断态。此时，u_d 的波形与 u_U 的波形相同，i_{VT1} 的波形与 u_U 的波形一致，u_{VT1} 为零。

在 ωt_2～ωt_3 区间，$u_V>u_U$，$u_V>u_W$，VT_2 在 u_V 和 u_{G2} 的共同作用下开通，VT_1、VT_3 因承受反向电压而处于断态。此时，u_d 的波形与 u_V 的波形相同，$i_{VT1}=0$，$u_{VT1}=u_U-u_V$。

在 ωt_3～ωt_4 区间，$u_W>u_U$，$u_W>u_V$，VT_3 在 u_W 和 u_{G3} 的共同作用下开通，VT_1、VT_2 因承受反向电压而处于断态。此时，u_d 的波形与 u_W 的波形相同，$i_{VT1}=0$，$u_{VT1}=u_U-u_W$。

由于各相电压之间的相位依次相差 $\frac{2\pi}{3}$，各相触发脉冲之间的相位也依次相差 $\frac{2\pi}{3}$，因此 VT_1、VT_2 和 VT_3 电压和电流波形的相位分别相差 $\frac{2\pi}{3}$，从而使 u_d 在一个周期内有三次脉动，其脉动频率是三相交流电源频率的三倍。

（2）当 $\alpha=\frac{\pi}{6}$ 和 $\alpha=\frac{\pi}{3}$ 时的工作波形。

如图 2-17 所示为当 $\alpha=\frac{\pi}{6}$ 和 $\alpha=\frac{\pi}{3}$ 时带电阻负载的三相半波可控整流电路的工作波形。其中，$\alpha=\frac{\pi}{6}$ 是 u_d 波形连续和断续的临界状态。当 $\alpha<\frac{\pi}{6}$ 时，u_d 的波形连续；当 $\alpha>\frac{\pi}{6}$ 时，u_d 的波形断续。

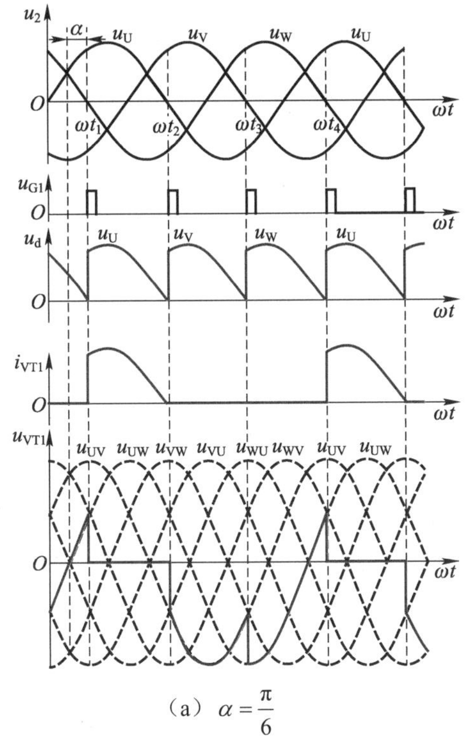

（a）$\alpha=\dfrac{\pi}{6}$

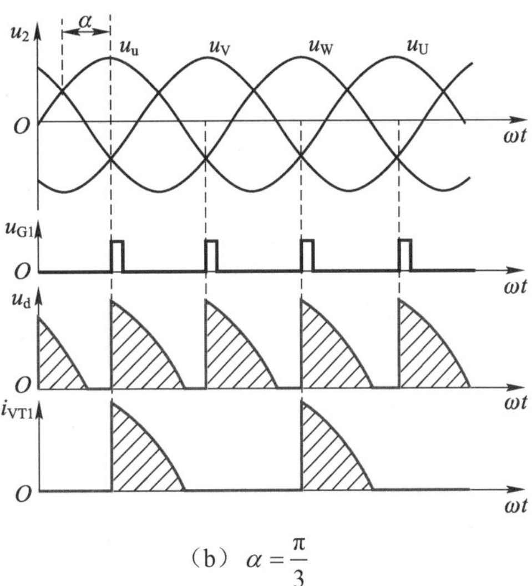

（b）$\alpha=\dfrac{\pi}{3}$

图 2-17　当 $\alpha=\dfrac{\pi}{6}$ 和 $\alpha=\dfrac{\pi}{3}$ 时带电阻负载的三相半波可控整流电路的工作波形

当 $\alpha=\dfrac{\pi}{3}$ 时，在 u_2 中 U 相电压过零变负后，VT_1 关断，而 VT_2 虽然承受正向电压，但因 u_{G2} 还未到来而不能开通，u_d 为零，直至 u_{G2} 到来后 VT_2 才会开通，VT_3 开通的过程与 VT_1、VT_2 相同。当 $\alpha=\dfrac{\pi}{3}$ 时，各晶闸管的导通角 $\theta=\dfrac{\pi}{2}$。若 α 继续增大，U_d 将越来越小，并在 $\alpha=\dfrac{5\pi}{6}$ 时变为零。因此，带电阻负载的三相半波可控整流电路的移相范围为 0～$\dfrac{5\pi}{6}$。

2）基本参数

（1）输出电压 U_d 和输出电流 I_d。

对于带电阻负载的三相半波可控整流电路，由于 $\alpha=\dfrac{\pi}{6}$ 是 u_d 和 i_d 波形连续和断续的临界状态，因此需要分开计算这两部分的 U_d 和 I_d，计算公式如下。

① 当 $\alpha\leqslant\dfrac{\pi}{6}$ 时，u_d 和 i_d 的波形连续，U_d 和 I_d 分别为

$$U_d=\frac{3}{2\pi}\int_{\frac{\pi}{6}+\alpha}^{\frac{5\pi}{6}+\alpha}\sqrt{2}U_2\sin\omega t\mathrm{d}\omega t=\frac{3\sqrt{6}U_2}{2\pi}\cos\alpha\approx1.17U_2\cos\alpha \tag{2-22}$$

$$I_d=\frac{U_d}{R}=1.17\frac{U_2}{R}\cos\alpha \tag{2-23}$$

② 当$\frac{\pi}{6}<\alpha<\frac{5\pi}{6}$时，$u_d$和$i_d$的波形断续，$U_d$和$I_d$分别为

$$U_d=\frac{3}{2\pi}\int_{\frac{\pi}{6}+\alpha}^{\pi}\sqrt{2}U_2\sin\omega t\mathrm{d}\omega t=\frac{3\sqrt{2}U_2}{2\pi}\left[1+\cos\left(\frac{\pi}{6}+\alpha\right)\right]\approx 0.68U_2\left[1+\cos\left(\frac{\pi}{6}+\alpha\right)\right] \tag{2-24}$$

$$I_d=\frac{U_d}{R}=0.68\frac{U_2}{R}\left[1+\cos\left(\frac{\pi}{6}+\alpha\right)\right] \tag{2-25}$$

（2）通过各晶闸管的电流平均值I_{VT}。

由于每个2π周期各晶闸管交替开通$\frac{2\pi}{3}$，因此通过各晶闸管的电流平均值为

$$I_{VT}=\frac{1}{3}I_d \tag{2-26}$$

（3）通过各晶闸管的电流有效值I_{VTn}。

① 当$\alpha\leqslant\frac{\pi}{6}$时，通过各晶闸管的电流有效值为

$$I_{VTn}=\sqrt{\frac{1}{2\pi}\int_{\frac{\pi}{6}+\alpha}^{\frac{5\pi}{6}+\alpha}\left(\frac{\sqrt{2}U_2}{R}\sin\omega t\right)^2\mathrm{d}\omega t}=\frac{U_2}{R}\sqrt{\frac{1}{2\pi}\left(\frac{2\pi}{3}+\frac{\sqrt{3}}{2}\cos 2\alpha\right)} \tag{2-27}$$

② 当$\frac{\pi}{6}<\alpha<\frac{5\pi}{6}$时，通过各晶闸管的电流有效值为

$$I_{VTn}=\sqrt{\frac{1}{2\pi}\int_{\frac{\pi}{6}+\alpha}^{\pi}\left(\frac{\sqrt{2}U_2}{R}\sin\omega t\right)^2\mathrm{d}\omega t}=\frac{U_2}{R}\sqrt{\frac{1}{2\pi}\left(\frac{5\pi}{6}-\alpha+\frac{\sqrt{3}}{4}\cos 2\alpha+\frac{1}{4}\sin 2\alpha\right)} \tag{2-28}$$

（4）各晶闸管所承受的最大反向电压U_{TM}。

晶闸管所承受的最大反向电压为整流变压器二次侧线电压的峰值，即

$$U_{TM}=\sqrt{2}\times\sqrt{3}U_2=\sqrt{6}U_2\approx 2.45U_2 \tag{2-29}$$

（5）各晶闸管所承受的最大正向电压U_{FM}。

晶闸管所承受的最大正向电压为整流变压器二次侧相电压的峰值，即

$$U_{FM}=\sqrt{2}U_2 \tag{2-30}$$

2. 带阻感负载的三相半波可控整流电路

1）工作原理

如图2-18所示为带阻感负载的三相半波可控整流电路，它主要由3个共阴极的VT_1、VT_2、VT_3，以及T_r、R、L组成。

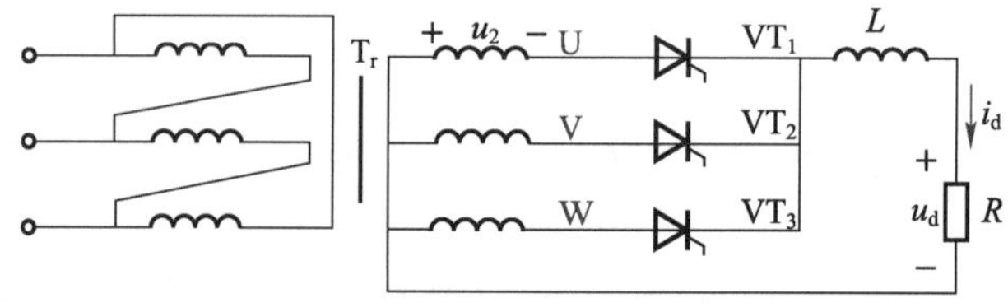

图2-18　带阻感负载的三相半波可控整流电路

（1）当 $\alpha \leqslant \frac{\pi}{6}$ 时的工作波形。

在带阻感负载的三相半波可控整流电路中，当 $\alpha \leqslant \frac{\pi}{6}$ 时，u_d 的波形与带电阻负载时的三相半波可控整流电路中 u_d 的波形基本相同；但由于 L 的储能作用，i_d 的波形基本是平直的，VT_1 的导通角为 $\alpha \leqslant \frac{2\pi}{3}$，$i_{VT1}$ 的波形为矩形。

（2）当 $\alpha > \frac{\pi}{6}$ 时的工作波形。

以 $\alpha = \frac{\pi}{3}$ 为例，此时带阻感负载的三相半波可控整流电路的工作波形如图 2-19 所示。

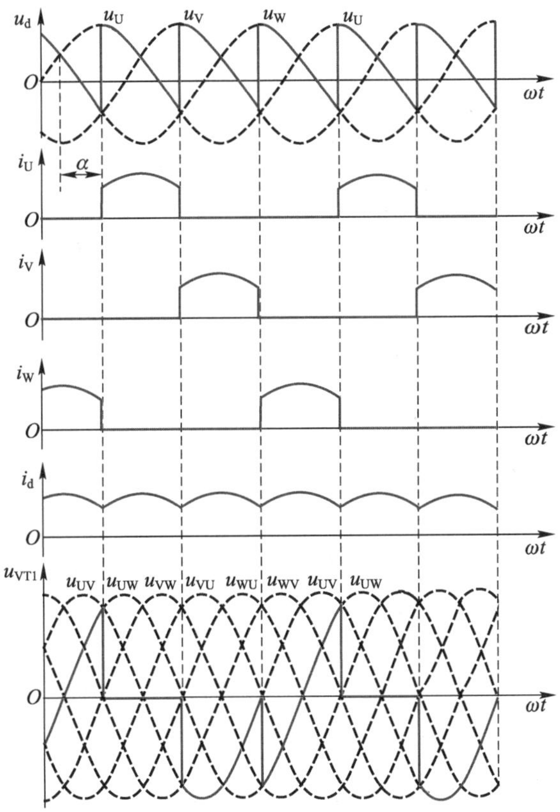

图 2-19　当 $\alpha = \frac{\pi}{3}$ 时带阻感负载的三相半波可控整流电路的工作波形

在图 2-19 中，由于自感电压的作用，VT_1 在 u_U 由零转负后仍承受正向电压而保持通态，此时 u_d 的波形中出现了负值，直至 VT_2 开通，VT_1 因承受反向电压而关断。在这个过程中，虽然 u_d 脉动很大，甚至出现负值，但 i_d 脉动很小，近乎平直。

当$\alpha=\frac{\pi}{2}$时，u_d波形的正、负半周面积相等，U_d为零。因此，带阻感负载的三相半波可控整流电路的移相范围为$0\sim\frac{\pi}{2}$。

2）基本参数

（1）输出电压和输出电流分别为

$$U_d=\frac{3}{2\pi}\int_{\frac{\pi}{6}+\alpha}^{\frac{5\pi}{6}+\alpha}\sqrt{2}U_2\sin\omega t\mathrm{d}\omega t\approx 1.17U_2\cos\alpha \tag{2-31}$$

$$I_d=\frac{U_d}{R}=1.17\frac{U_2}{R}\cos\alpha \tag{2-32}$$

（2）各晶闸管所承受的最大正向电压U_{FM}和最大反向电压U_{TM}均为整流变压器二次侧线电压的峰值，即

$$U_{FM}=U_{TM}=\sqrt{6}U_2\approx 2.45U_2 \tag{2-33}$$

（3）通过各晶闸管的电流平均值和电流有效值分别为

$$I_{VT}=\frac{1}{3}I_d \tag{2-34}$$

$$I_{VTn}=\sqrt{\frac{1}{2\pi}\int_{\frac{\pi}{6}+\alpha}^{\frac{5\pi}{6}+\alpha}I_d^{\,2}\mathrm{d}\omega t}=\frac{\sqrt{3}}{3}I_d\approx 0.58I_d \tag{2-35}$$

【例 2-3】 假设在一个带阻感负载的三相半波可控整流电路中，$U_2=100\text{ V}$，负载电阻R为5Ω，L的值极大。当$\alpha=\frac{\pi}{3}$时，计算U_d、I_d、I_{VT}和I_{VTn}的值。

【解】 已知$\alpha=\frac{\pi}{3}$，根据式（2-31）可求出U_d，即

$$U_d=1.17U_2\cos\alpha=58.5(\text{V})$$

根据式（2-32）可求出I_d，即

$$I_d=\frac{U_d}{R}=11.7(\text{A})$$

根据式（2-34）可求出I_{VT}，即

$$I_{VT}=\frac{1}{3}I_d=3.9(\text{A})$$

根据式（2-35）可求出I_{VTn}，即

$$I_{VTn}=\frac{\sqrt{3}}{3}I_d\approx 6.79(\text{A})$$

2.2.2　三相桥式全控整流电路

虽然三相半波可控整流电路结构简单、易调整且三相负荷均衡，但是其 T_r 二次绕组中含有的直流分量，会使 T_r 中的铁芯出现直流磁化现象，从而产生附加损耗。因此，为提高 T_r 的工作效率，实际应用中通常采用三相桥式全控整流电路。

1. 带电阻负载的三相桥式全控整流电路

1）工作原理

如图 2-11 所示为带电阻负载的三相桥式全控整流电路，它可看作是由三相半波共阴极组可控整流电路与三相半波共阳极组可控整流电路串联而成的整流电路。

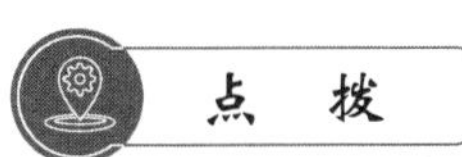

在带电阻负载的三相桥式全控整流电路中，在一个电流周期内，T_r 每相绕组中均有正、负两个方向的电流通过，并无直流分量通过，因此能够避免 T_r 中的铁芯出现直流磁化现象，从而提高 T_r 的工作效率。

笔记

（1）当 $\alpha = 0$ 时的工作波形。

如图 2-20 所示为当 $\alpha = 0$ 时带电阻负载的三相桥式全控整流电路的工作波形。其中，六个晶闸管按照 $VT_1 - VT_2 - VT_3 - VT_4 - VT_5 - VT_6$ 的顺序依次接收到触发脉冲，各相邻触发脉冲之间的相位差均为 $\frac{\pi}{3}$；自然换相点既是相电压的交点，也是线电压的交点。为便于分析，下面将一个周期分为六个阶段（Ⅰ～Ⅵ），每个阶段均为 $\frac{\pi}{3}$。

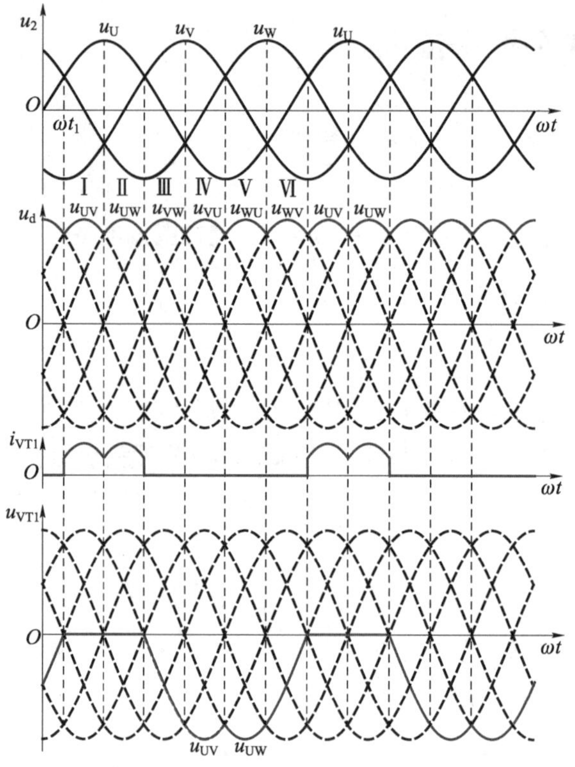

图 2-20 当 $\alpha=0$ 时带电阻负载的三相桥式全控整流电路的工作波形

在Ⅰ阶段，u_U 最大，u_V 最小，共阴极组中的 VT_1 和共阳极组中的 VT_6 开通，电流从 U 相出发，经 VT_1、R、VT_6，最终返回 V 相，此时 $u_d=u_{UV}=u_U-u_V$。以 VT_1 为例，u_{VT1}、i_{VT1}、U_{TM} 等基本参数均与带电阻负载的三相半波可控整流电路的相同。同理，其余五个阶段同样按照上述方法进行分析，具体情况如表 2-9 所示。最终，在一个周期内，u_d 共脉动六次，且每次脉动的波形相同，故该整流电路又称三相六脉动整流电路，其脉动频率是三相交流电源频率的六倍，是当 $\alpha=0$ 时带电阻负载的三相半波可控整流电路中 u_d 脉动频率的两倍。

表 2-9 当 $\alpha=0$ 时带电阻负载的三相桥式全控整流电路中晶闸管的工作情况

阶段	共阴极组中开通的晶闸管	共阳极组中开通的晶闸管	电路输出电压
Ⅰ	VT_1	VT_6	$u_{UV}=u_U-u_V$
Ⅱ	VT_1	VT_2	$u_{UW}=u_U-u_W$
Ⅲ	VT_3	VT_2	$u_{VW}=u_V-u_W$
Ⅳ	VT_3	VT_4	$u_{VU}=u_V-u_U$
Ⅴ	VT_5	VT_4	$u_{WU}=u_W-u_U$
Ⅵ	VT_5	VT_6	$u_{WV}=u_W-u_V$

点　拨

由图 2-20 可知，当晶闸管开通时，i_{VT} 几乎为零；当晶闸管关断时，i_{VT} 的大小将由其同组中开通的晶闸管决定。

（2）当 $\alpha=\frac{\pi}{3}$ 和 $\alpha=\frac{\pi}{2}$ 时的工作波形。

如图 2-21（a）所示为当 $\alpha=\frac{\pi}{3}$ 时带电阻负载的三相桥式全控整流电路的工作波形。以 VT_1 为例，在 Ⅰ 阶段，VT_1 在 ωt_1 时刻开通，此时 u_U 最大，u_V 最小，共阳极组中的 VT_2 开通，$u_d=u_{UV}=u_U-u_V$。同理，其余五个阶段也可按照上述方法进行分析。

如图 2-21（b）所示为当 $\alpha=\frac{\pi}{2}$ 时带电阻负载的三相桥式全控整流电路的工作波形。以 VT_1 为例，当其未接收到 u_{G1} 时，VT_1 处于断态，$u_d=0\text{ V}$，u_{VT1} 的波形出现了断续。在 Ⅰ 阶段，VT_1 在 ωt_1 时刻开通，此时 u_U 最大，u_V 最小，共阳极组中 VT_2 开通，u_d 的波形出现了断续的情况。同理，其他五个阶段也可按照上述方法进行分析。

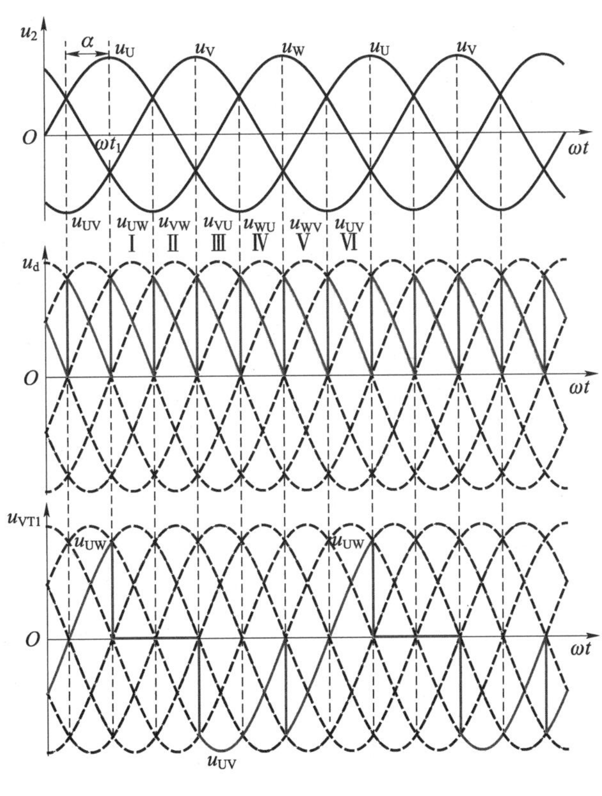

（a）当 $\alpha=\frac{\pi}{3}$ 时

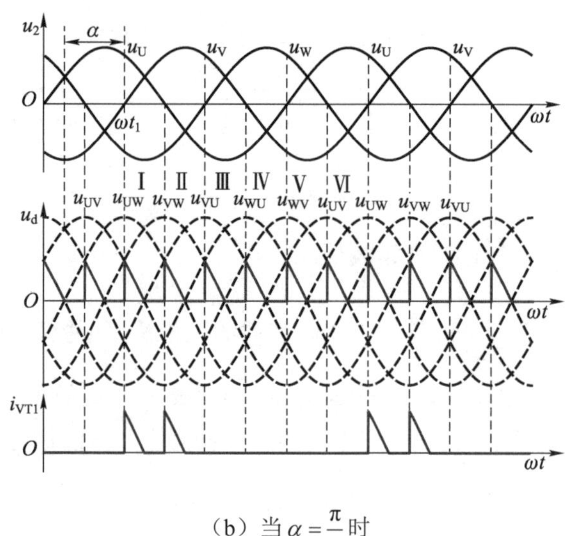

（b）当 $\alpha=\frac{\pi}{2}$ 时

图 2-21　当 $\alpha=\frac{\pi}{3}$ 和 $\alpha=\frac{\pi}{2}$ 时带电阻负载的三相桥式全控整流电路的工作波形

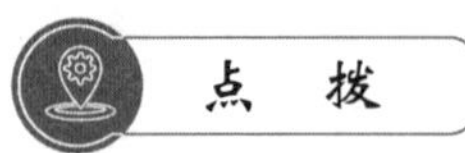

通过上述分析可知，带电阻负载的三相桥式全控整流电路具有以下特点。

（1）电路中六个晶闸管按照 $VT_1-VT_2-VT_3-VT_4-VT_5-VT_6$ 的顺序开通，相位依次相差 $\frac{\pi}{3}$；共阴极组中 VT_1、VT_3、VT_5 触发脉冲的相位依次相差 $\frac{2\pi}{3}$，共阳极组中 VT_2、VT_4、VT_6 触发脉冲的相位依次相差 $\frac{2\pi}{3}$；同一相线上的两个晶闸管的触发脉冲的相位相差 π。

（2）无论在任何时刻，共阴极组和共阳极组中各有一个晶闸管处于通态，且这两个晶闸管不在同一组桥臂上，从而形成完整的输出回路。

（3）当 $\alpha<\frac{\pi}{3}$ 时，u_d 与 i_d 的波形均连续，且当 $\alpha=\frac{\pi}{3}$ 时，u_d 的波形出现零点；当 $\alpha>\frac{\pi}{3}$ 时，u_d 与 i_d 的波形均断续。因此 $\alpha=\frac{\pi}{3}$ 是 u_d 波形连续和断续的临界状态。

（4）当 α 增大至 $\frac{2\pi}{3}$ 时，u_d 为零。因此，带电阻负载的三相桥式全控整流电路的移相范围为 $0\sim\frac{2\pi}{3}$。

2）基本参数

（1）输出电压U_d。

由于带电阻负载的三相桥式全控整流电路u_d的波形有连续和断续两种情况，因此需要分开计算U_d，计算公式如下。

① 当$\alpha \leqslant \frac{\pi}{3}$时，$u_d$的波形连续，则

$$U_d = \frac{3}{\pi}\int_{\frac{\pi}{3}+\alpha}^{\frac{2\pi}{3}+\alpha} \sqrt{6}U_2 \sin\omega t \mathrm{d}\omega t \approx 2.34U_2 \cos\alpha \tag{2-36}$$

② 当$\alpha > \frac{\pi}{3}$时，u_d的波形断续，则

$$U_d = \frac{3}{\pi}\int_{\frac{\pi}{3}+\alpha}^{\pi} \sqrt{6}U_2 \sin\omega t \mathrm{d}\omega t \approx 2.34U_2 \left[1+\cos\left(\frac{\pi}{3}+\alpha\right)\right] \tag{2-37}$$

（2）输出电流为

$$I_d = \frac{U_d}{R} \tag{2-38}$$

（3）各晶闸管所承受的最大正、反向电压为

$$U_{FM} = U_{TM} = \sqrt{6}U_2 \approx 2.45U_2 \tag{2-39}$$

2．带阻感负载的三相桥式全控整流电路

三相桥式全控整流电路常用于直流电动机驱动电路，用于向直流电动机供电。带反电动势负载的三相桥式全控整流电路的工作原理与带阻感负载的相似，下面主要对带阻感负载的三相桥式全控整流电路进行分析。

1）工作原理

如图 2-22 所示为带阻感负载的三相桥式全控整流电路及其工作波形。

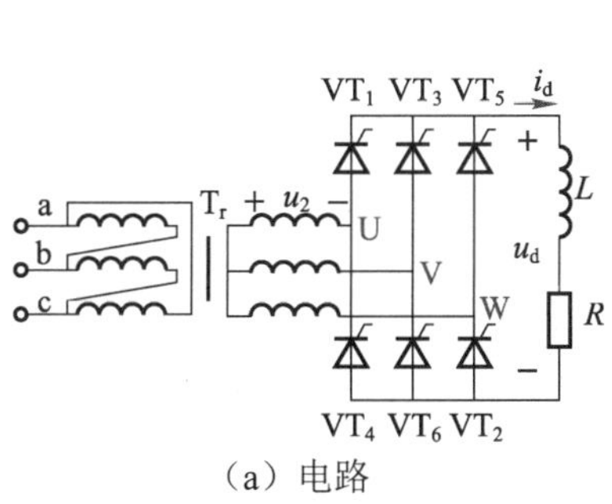

（a）电路

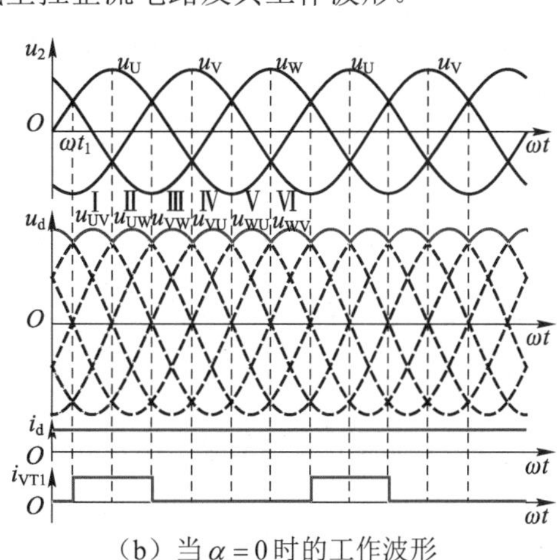

（b）当$\alpha = 0$时的工作波形

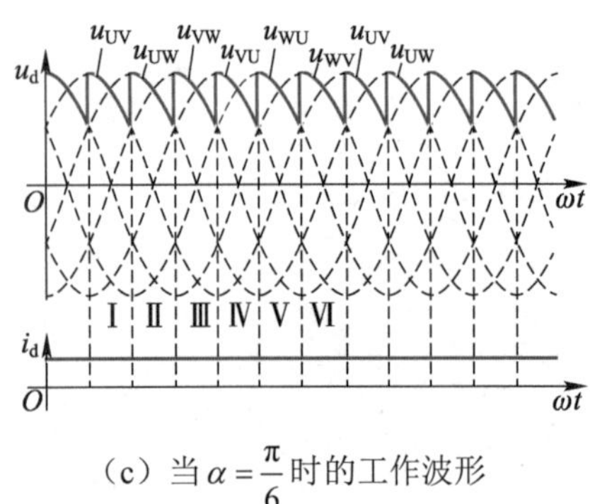

（c）当 $\alpha=\frac{\pi}{6}$ 时的工作波形

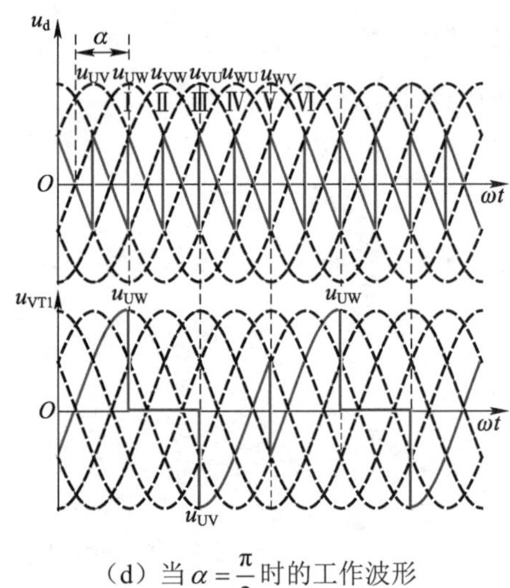

（d）当 $\alpha=\frac{\pi}{2}$ 时的工作波形

图 2-22　带阻感负载的三相桥式全控整流电路及其工作波形

当 $\alpha\leqslant\frac{\pi}{3}$ 时，该整流电路的工作原理与带电阻负载的三相桥式全控整流电路的相似，只是由于负载中 L 的作用，i_d 的波形与 u_d 的波形不同。如图 2-22（b）和图 2-22（c）所示，当 $\alpha=0$ 和 $\alpha=\frac{\pi}{6}$ 时，i_d 的波形近似于一条直线，与 u_d 的波形不再相同。

当 $\alpha>\frac{\pi}{3}$ 时，由于阻感负载的作用，u_d 的波形中出现了负值。当 $\alpha=\frac{\pi}{2}$ 时，u_d 的波形正、负半周的面积基本相等，此时电路的输出电压 U_d 近似为零，如图 2-22（d）所示。

由上述分析可知，带阻感负载的三相桥式全控整流电路的移相范围为 $0\sim\frac{\pi}{2}$。

2）基本参数

在带阻感负载的三相桥式全控整流电路中，u_d 的波形连续，其基本参数的计算公式如下。

（1）输出电压为

$$U_d=\frac{3}{\pi}\int_{\frac{\pi}{3}+\alpha}^{\frac{2\pi}{3}+\alpha}\sqrt{6}U_2\sin\omega t\mathrm{d}\omega t\approx 2.34U_2\cos\alpha \tag{2-40}$$

（2）输出电流为

$$I_d=\frac{U_d}{R} \tag{2-41}$$

（3）通过各晶闸管的电流平均值和电流有效值分别为

$$I_{VT}=\frac{1}{3}I_d \tag{2-42}$$

$$I_{VTn}=\frac{\sqrt{3}}{3}I_d\approx 0.58I_d \tag{2-43}$$

【例 2-4】　已知在三相桥式全控整流电路中，$L = 0.2\,\text{H}$，负载电阻 R 为 $4\,\Omega$，频率 $f = 50\,\text{Hz}$，要求 U_d 在 0～220 V 之间变化。试求：

（1）整流变压器二次侧相电压 U_2。

（2）晶闸管的额定电压、额定电流的安全裕量为最大电压、最大电流的 2 倍，选择合适的晶闸管。

【解】（1）电感 $L = 0.2\,\text{H}$，则电感负载本身的阻值为

$$\omega L = 2\pi f L \approx 62.80(\Omega)$$

而负载电阻 $R = 4\,\Omega$，$\omega L \gg R$，因此该整流电路为带阻感负载的三相桥式全控整流电路。当 U_d 最大时，该整流电路的延迟触发角 α 最小，$\alpha = 0$。

根据式（2-40），可知 $U_d = 2.34 U_2 \cos\alpha$，则

$$U_2 = \frac{U_d}{2.34\cos\alpha} = \frac{220}{2.34} \approx 94.02(\text{V})$$

（2）在该整流电路中，晶闸管所承受的最大峰值电压为

$$U_{TM} = \sqrt{6} U_2$$

根据安全裕量的要求，晶闸管的额定电压为

$$U_{TN} = 2U_{TM} = 2\sqrt{6} U_2 \approx 460.70(\text{V})$$

根据式（2-41）可知，输出电流为

$$I_d = \frac{U_d}{R} = 55(\text{A})$$

根据式（2-43）可知，通过晶闸管的电流有效值为

$$I_{VTn} = \frac{\sqrt{3}}{3} I_d \approx 31.76(\text{A})$$

根据式（1-2）可知，晶闸管的额定电流为

$$I_{TN} = 2 \times \frac{I_{VTn}}{1.57} = 2 \times \frac{31.76}{1.57} \approx 40.46(\text{A})$$

因此，应选择额定电压为 500 V，额定电流为 50 A 的晶闸管。

综合测试

1．填空题

（1）利用电力电子器件将__________变为__________的过程称为整流，能够实现整流的电路称为整流电路。

（2）整流变压器的作用是实现交流输入电压与直流输出电压间的匹配，以及交流电网与整流电路之间的__________。

（3）整流电路可按__________、__________、__________等进行分类。

（4）__________是指在对整流电路进行相位控制时，触发脉冲滞后于晶闸管正向阳极电压的时间间隔。

（5）单相半波可控整流电路中，晶闸管承受的最大反向电压为__________；三相半波可控整流电路中，晶闸管承受的最大反向电压为__________。（二次电压的有效值为U_2）

（6）在单相桥式全控整流电路中，其输出电流的正半周期与负半周期的方向__________且波形__________，因此该整流电路不会出现直流磁化现象。

（7）带电阻负载的三相半波可控整流电路的移相范围为__________；带电阻负载的三相桥式全控整流电路的移相范围为__________。

（8）在带电阻负载的三相桥式全控整流电路中，__________是电路输出电压波形连续和断续的临界状态。

（9）带阻感负载的三相桥式全控整流电路输出电压波形__________（连续/不连续）。

（10）带阻感负载的三相桥式全控整流电路的移相范围为__________。

2．判断题

（1）不可控整流电路采用晶闸管作为整流器件，电路输出的直流电压与输入的交流电压（有效值）之比是固定不变的。（　　）

（2）可控整流电路采用电力二极管作为主要整流器件，电路输出直流电压的大小可通过控制晶闸管门极触发脉冲输入的时刻来调节。（　　）

（3）导通角是指晶闸管在一个周期内保持通态的电角度。（　　）

（4）移相是指通过改变触发延迟角的大小来改变触发脉冲相对于反向电压出现时刻的相位。（　　）

（5）带阻感负载的三相半波可控整流电路的移相范围为$0 \sim \frac{5\pi}{6}$。（　　）

3．综合题

（1）在带阻感负载的单相桥式全控整流电路中，$U_2 = 200\ \text{V}$，负载电阻$R = 2\ \Omega$，L的值极大。请计算：当$\alpha = \frac{\pi}{6}$时，该整流电路的输出电压U_d，输出电流I_d，以及通过各晶闸管的电流平均值I_{VT}和电流有效值I_{VTn}。

（2）在带电阻负载的三相桥式全控整流电路中，$U_2 = 100\ \text{V}$，$R = 5\ \Omega$，L的值极大。请计算：当$\alpha = \frac{\pi}{3}$时，该整流电路的输出电压U_d，输出电流I_d，以及各晶闸管所承受的最大正、反向电压。

学习成果评价

指导教师对学生的实际学习成果进行评价，学生配合指导教师共同完成表 2-10。

表 2-10 学习成果评价

<table>
<tr><td>班级</td><td></td><td>组号</td><td></td><td>日期</td><td></td></tr>
<tr><td>姓名</td><td></td><td>学号</td><td></td><td>指导教师</td><td></td></tr>
<tr><td>学习成果名称</td><td colspan="5">整流电路</td></tr>
<tr><td>评价项目</td><td colspan="2">评价内容</td><td>评价方式</td><td>满分/分</td><td>评分/分</td></tr>
<tr><td rowspan="5">知识
（40%）</td><td colspan="2">整流电路的组成、分类和参数</td><td rowspan="5">理论测试</td><td>8</td><td></td></tr>
<tr><td colspan="2">单相半波可控整流电路的工作原理和基本参数</td><td>8</td><td></td></tr>
<tr><td colspan="2">单相桥式全控整流电路的工作原理和基本参数</td><td>8</td><td></td></tr>
<tr><td colspan="2">三相半波可控整流电路的工作原理和基本参数</td><td>8</td><td></td></tr>
<tr><td colspan="2">三相桥式全控整流电路的工作原理和基本参数</td><td>8</td><td></td></tr>
<tr><td rowspan="2">技能
（40%）</td><td colspan="2">测试带电阻负载的单相半波可控整流电路</td><td rowspan="2">实践操作</td><td>20</td><td></td></tr>
<tr><td colspan="2">测试带电阻负载的三相桥式全控整流电路</td><td>20</td><td></td></tr>
<tr><td rowspan="5">素养
（20%）</td><td colspan="2">积极参加教学活动，主动学习、思考、讨论</td><td rowspan="5">综合评判</td><td>6</td><td></td></tr>
<tr><td colspan="2">认真负责，按时完成学习、实践任务</td><td>4</td><td></td></tr>
<tr><td colspan="2">团结协作，与同学之间密切配合</td><td>4</td><td></td></tr>
<tr><td colspan="2">服从指挥，遵守课堂和实训室纪律</td><td>4</td><td></td></tr>
<tr><td colspan="2">守正创新，自信自强</td><td>2</td><td></td></tr>
<tr><td colspan="4">合计</td><td>100</td><td></td></tr>
<tr><td>自我评价</td><td colspan="5"></td></tr>
<tr><td>教师评价</td><td colspan="5"></td></tr>
</table>

逆变电路

项目导读

在工程中，有许多场合需要将直流电变换为交流电。例如，将蓄电池的直流电变换为交流电，以驱动交流电动机运转；将光伏发电系统发出的直流电变换为交流电并输入交流电网，以便于电力传输。把直流电变换为交流电的过程称为逆变，能够实现逆变的电路称为逆变电路（又称 DC/AC 变换电路）。

本项目主要介绍逆变电路的分类和换相方式，以及有源逆变电路和无源逆变电路的工作原理及基本参数。

知识目标

- ✦ 了解逆变电路的分类和换相方式。
- ✦ 掌握有源逆变的变换原理。
- ✦ 掌握三相桥式有源逆变电路的工作原理和基本参数。
- ✦ 掌握无源逆变的变换原理。
- ✦ 掌握电压型无源逆变电路的工作原理。
- ✦ 了解电流型无源逆变电路的工作原理。

技能目标

- ✦ 能测试三相桥式有源逆变电路。
- ✦ 能测试单相全桥电压型无源逆变电路。

素质目标

- ✦ 培养无惧挑战、一往无前的进取精神。

任务 3.1　测试有源逆变电路

任务引入

有源逆变是整流的逆向过程。当满足一定的工作条件时，可控整流电路就可工作在有源逆变状态下，将直流电变换为交流电，并把交流电输入交流电网，此时的可控整流电路称为有源逆变电路。

如图 3-1 所示为三相桥式有源逆变电路，请选择合适的工具和器材，连接并测试该电路，分析其基本参数并绘制其工作波形。

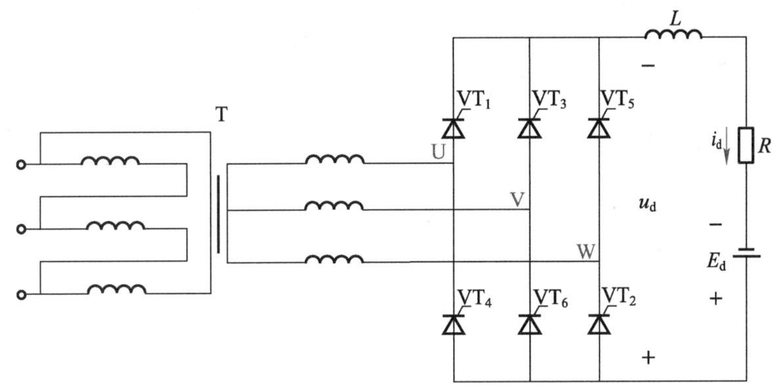

图 3-1　三相桥式有源逆变电路

本任务的知识与技能要求如表 3-1 所示。

表 3-1　知识与技能要求

任务内容	测试有源逆变电路	学习程度		
		识记	理解	应用
学习任务	逆变电路的分类和换相方式	●		
	有源逆变的变换原理		●	
	三相桥式有源逆变电路		●	
实训任务	测试三相桥式有源逆变电路			●
自我勉励				

任务工单——测试三相桥式有源逆变电路

测试三相桥式有源逆变电路

1. 知识准备

图 3-1 所示的三相桥式有源逆变电路可看作工作在逆变状态下的三相桥式全控整流电路，其作用是将电路中直流电源 E_d 输入的电能变换为三相交流电，并将三相交流电输入交流电网。三相桥式全控整流电路在满足以下两个条件时即可实现有源逆变：① 电路中要有 E_d，其极性与晶闸管开通的方向一致，并满足 $|E_d|>|U_d|$；② 晶闸管的 $\alpha>\frac{\pi}{2}$，U_d 为负。

在逆变电路中，为方便对电路的参数进行分析和计算，通常将大于 $\frac{\pi}{2}$ 的触发延迟角称为逆变角，用 β 表示，其与 α 的关系为 $\beta=\pi-\alpha$。

2. 工具和器材准备

准备任务实施所需的工具和器材，补全表 3-2。

表 3-2　工具和器材清单

名称	规格	型号	数量	名称	规格	型号	数量
三相不可控整流器			1 个	电感			1 个
三相交流电源			2 路	示波器			1 台
三相变压器			1 个	电位器			1 个
数字万用表			1 台	电压表			1 台
晶闸管			6 个	导线			若干
晶闸管触发电路			6 组				

笔记

3．任务实施

1）连接电路

选择合适的工具和器材，按图 3-2 连接电路。

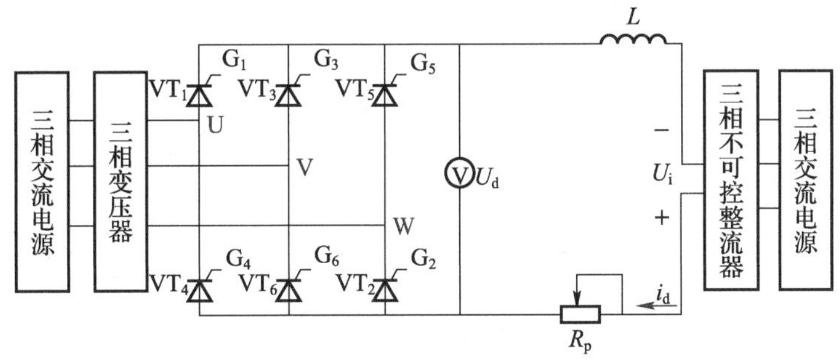

图 3-2　三相桥式有源逆变电路的测试电路

2）测试电路

断开三相交流电源的开关，在其输入端接入 380 V 三相工频交流电，然后按以下步骤进行测试。

（1）将 R_p 调至最大阻值处，然后闭合两路三相交流电源的开关。

（2）调节晶闸管触发电路，使 β 保持在 $\frac{\pi}{6}$～$\frac{\pi}{2}$ 范围内；同时不断调节 R_p，使电路中的电流 I_d 保持在 0.6 A 左右（不得超过 0.65 A）。

（3）分别令 β 为 $\frac{\pi}{6}$、$\frac{\pi}{3}$、$\frac{\pi}{2}$，用数字万用表分别检测 U_d、$U_{VT1,6}$、U_{UV} 在不同 β 下的值，并将其填入表 3-3 中。

表 3-3　三相桥式有源逆变电路的测试数据

β	U_d	$U_{VT1,6}$	U_{UV}
$\frac{\pi}{6}$			
$\frac{\pi}{3}$			
$\frac{\pi}{2}$			

结论：随着 β 的增大，U_d________（增大/减小），U_{UV}________（增大/减小）。

3）绘制u_d、u_{UV}的波形曲线

结合表 3-3 中的数据，分别在图 3-3 和图 3-4 中绘制出当$\beta=\frac{\pi}{3}$时u_d、u_{UV}的波形曲线。

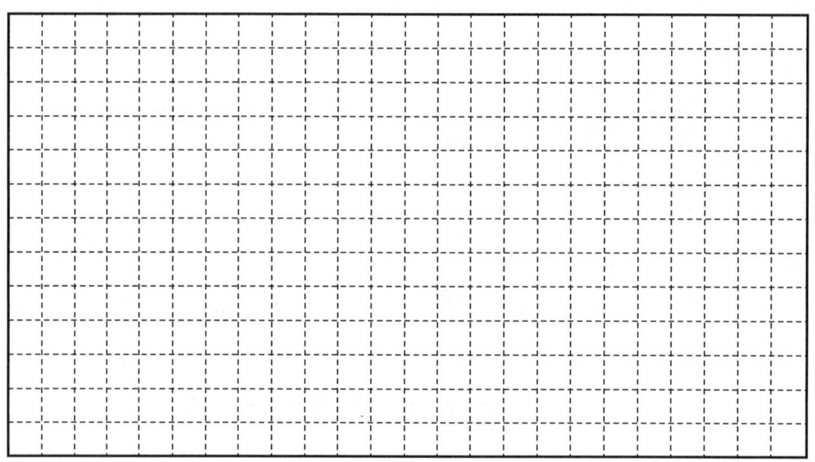

图 3-3　绘制当$\beta=\frac{\pi}{3}$时u_d的波形曲线

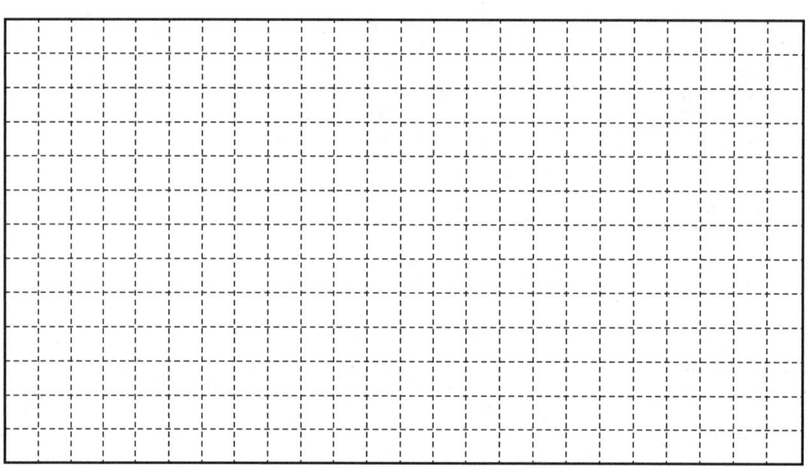

图 3-4　绘制当$\beta=\frac{\pi}{3}$时u_{UV}的波形曲线

4）故障模拟

令β为$\frac{\pi}{3}$，在该电路正常工作的情况下断开晶闸管触发电路，模拟晶闸管失去触发脉冲时的故障状况，用示波器采集此时u_d和u_{UV}的波形曲线，记录此时u_d和u_{UV}的变化情况。

结论：

（1）u_d的变化情况：________________________________。

（2）u_{UV}的变化情况：________________________________。

创想天地

目前，新能源汽车中的驱动电机广泛采用永磁同步电机，因此需要将动力蓄电池的直流电变换为三相交流电，来驱动永磁同步电机，这就要用到逆变电路。请查阅有关资料，分析逆变电路在新能源汽车上的应用场景，并判断逆变电路的类型。

4．任务评价

请指导教师按照学生的实际表现情况进行评分，并将评分结果填入表 3-4 中。

表 3-4　考核评价表

评价项目	评价标准	满分/分	实际得分/分	指导教师评语
技能操作	能正确连接三相桥式有源逆变电路的测试电路	20		
	能正确测试三相桥式有源逆变电路	20		
	能正确检测所测电路的输出电压并绘制波形曲线	15		
	能正确模拟和分析三相桥式有源逆变电路的故障	15		
	测试完毕后能正确拆除电路，整理器材并归位	10		
参与程度	认真参加活动，积极思考，主动与同学、指导教师进行交流，善于发现和解决问题	10		
合作意识	积极参与探讨，勇于接受任务，敢于承担责任，团结协作，组织和协调能力强	10		
总分		100		

3.1.1　逆变电路概述

1．逆变电路的分类

根据所带负载性质的不同，逆变电路可分为有源逆变电路和无源逆变电路两种。其中，有源逆变电路用于将输入的直流电变换为与交流电网同频的交流电，并将交流电输入交流电网；无源逆变电路用于将输入的直流电变换为交流电，并将交流电直接供给非电源负载使用。

除了上述分类方法，逆变电路还可按以下方法进行分类。

（1）按电力电子器件分类。

根据电力电子器件的不同，逆变电路可分为半控型逆变电路和全控型逆变电路两种。

其中，由晶闸管组成的逆变电路称为半控型逆变电路，由全控型器件（如 power MOSFET、IGBT 等）组成的逆变电路称为全控型逆变电路。

（2）按直流电源的性质分类。

根据直流电源性质的不同，逆变电路可分为电压型逆变电路和电流型逆变电路两种。其中，直流侧并联大电容，使直流电源近似为恒压源的逆变电路称为电压型逆变电路；直流侧串联大电感，使直流电源近似为恒流源的逆变电路称为电流型逆变电路。

（3）按逆变电路输出交流电的相数分类。

根据逆变电路输出交流电相数的不同，逆变电路可分为单相逆变电路和多相逆变电路两种。其中，单相逆变电路输出的交流电为单相交流电，多相逆变电路输出的交流电为多相交流电。

砥节砺行

逆变电路可将直流电变换为交流电供负载使用，与整流电路相比，其工作过程更加复杂、烦琐，但其应用范围也更加广泛。这就像我们行走在人生的旅途中，往往顺境容易让人松懈，逆境更能让人成长。因此，我们要勇敢面对人生中遇到的挫折与挑战，不断磨砺自己的心志，使自己更坚强、更有韧性，从而获得更广阔的发展空间。

2．逆变电路的换相方式

在逆变电路换相的过程中，有的支路从断态变为通态，有的支路从通态变为断态。当支路从断态变为通态时，无论支路的开关器件是全控型器件还是半控型器件，只要它们的门极有触发脉冲，支路就可开通。而当支路从通态变为断态时，如果支路的开关器件是全控型器件（如 IGBT），则通过对门极的控制就可使开关器件关断；如果支路的开关器件是半控型器件（如晶闸管），则必须采用其他方法使开关器件关断。

根据主电路开关器件关断方式的不同，逆变电路的换相方式可分为器件换相、电网换相、强迫换相和负载换相四种。

1）电网换相

利用交流电网电压向需要关断的晶闸管施加反向电压使其关断的换相方式称为电网换相。例如，有源逆变电路、相控交-交变频电路等均可采用电网换相。这种换相方式不要求电路的开关器件为全控型器件，也无须附加换相电路，但不适用于无交流电网的电路。

2）器件换相

利用全控型器件的自关断能力进行换相的方式称为器件换相。例如，采用 IGBT、power MOSFET 等全控型器件作为开关器件的逆变电路均可采用器件换相。

3）强迫换相

通过附加换相电路，给需要关断的晶闸管施加反向电压或反向电流进行换相的方式称为强迫换相。这种换相方式通常利用换相电路中电容储存的能量来实现换相，因此又称电容换相。

4）负载换相

由负载提供换相电压进行换相的方式称为负载换相，又称负载谐振换相。采用这种换相方式的逆变电路，适用于负载电流相位超前于负载电压相位的场合。

强迫换相可使逆变电路输出交流电的频率不受电源频率的限制，但该换相方式不仅需要附加换相电路，还对晶闸管的额定电压、额定电流等有特殊的要求，因此这种换相方式对晶闸管的动态特性要求较高。

3.1.2　有源逆变的变换原理

1．工作原理

如图 3-5 所示为直流发电机-电动机系统中电能的转换情况。其中，M 为电动机，G 为发电机，E_M 和 E_G 分别为 M 和 G 的反电动势，R_Σ 为主回路的电阻，发电机和电动机的励磁回路均未画出。

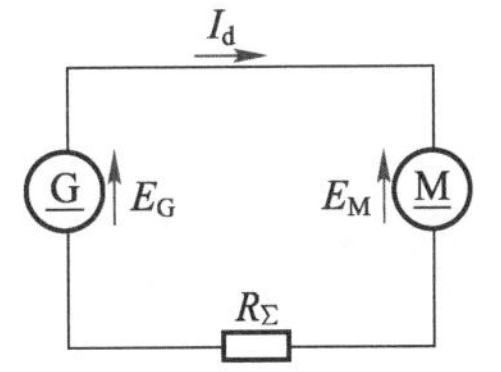

（a）$E_G > E_M$，两电动势极性相反

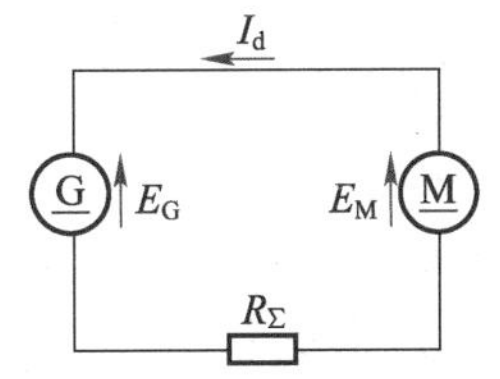

（b）$E_G < E_M$，两电动势极性相反

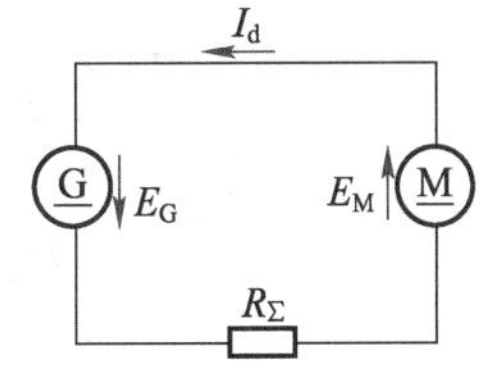

（c）两电动势极性相同

图 3-5　直流发电机-电动机系统中电能的转换情况

在图 3-5（a）中，$E_G > E_M$，M 在 E_G 的作用下作为电动机运行，I_d 从 G 流向 M，G 输出电能，M 吸收电能；在图 3-5（b）中，E_G 减小，当 $E_G < E_M$ 时，M 的转子在惯性作用下缓慢减速旋转，此时 M 作为发电机运行，I_d 从 M 流向 G，M 向 G 输出电能，该系统处于有源逆变状态；在图 3-5（c）中，E_M 和 E_G 同向串联，若 R_Σ 很小，则该电路近似于短路，必须在实际应用中避免出现这种情况。

若用单相全波电路替代图 3-5 中的发电机 G，当满足整流或逆变的工作条件时，单相全波电路就可工作在整流状态或有源逆变状态。

如图 3-6 所示为工作在整流状态下的单相全波电路及其工作波形。

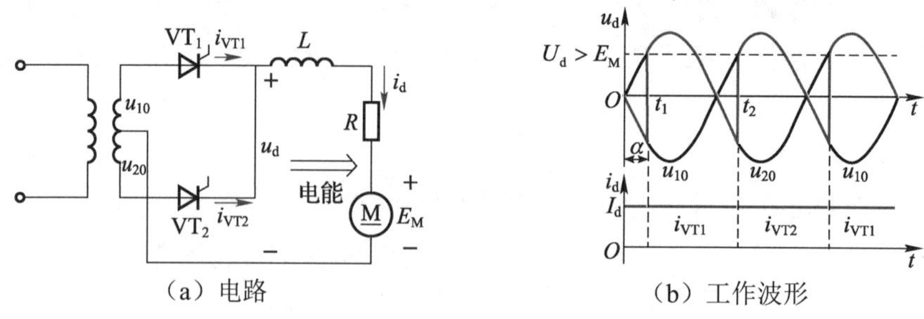

图 3-6　工作在整流状态下的单相全波电路及其工作波形

单相全波电路工作在整流状态时，$0 \leqslant \alpha < \frac{\pi}{2}$。当 $\alpha = 0$ 时，该电路的 u_d 在整个周期内全部为正；当 $0 < \alpha < \frac{\pi}{2}$ 时，u_d 在整个周期内有正有负，但其正值部分面积总是大于负值部分面积，故 U_d 为正，u_d 的极性为上正下负。此时 U_d 略大于 E_M，I_d 从 U_d 的正端流出，从 E_M 的正端流入，电路将交流电网的交流电变换为直流电输送给 M 。

如图 3-7 所示为工作在逆变状态下的单相全波电路及其工作波形。

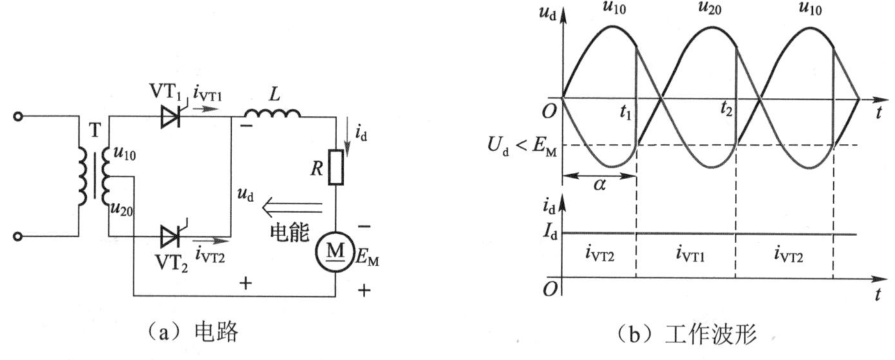

图 3-7　工作在逆变状态下的单相全波电路及其工作波形

单相全波电路工作在逆变状态时，$\frac{\pi}{2} < \alpha \leqslant \pi$，电路将电动机反馈的直流电变换为交流电，并将交流电输回交流电网。由于晶闸管的单向导电性，i_d 不能改变方向，因此只有 E_M 反向，即 M 作为发电机运行，才能将电能回馈给交流电网；为避免 U_d 与 E_M 同向串联导致短路，应要求 U_d 的极性反向。由 $U_d = 0.9U_2\cos\alpha$ 可知，要使 U_d 的极性反向，α 应大于 $\frac{\pi}{2}$。当 $\frac{\pi}{2} < \alpha \leqslant \pi$ 时，u_d 在整个周期内有正有负，且其负值部分面积总是大于正值部分面积，故 U_d 为负，u_d 的极性是上负下正。此时 E_M 略大于 U_d，I_d 从 E_M 的正端流出，从 U_d 的正端流入，M 输出直流电，电路吸收从 M 反馈来的直流电，并将其变换为交流电输入交流电网。

2. 有源逆变的工作条件

通过上述分析，可知整流电路必须同时具备以下两个工作条件才能实现有源逆变。

（1）电路中必须有直流电动势，其极性必须与晶闸管开通的方向一致，其值应大于电路直流侧的U_d。

（2）晶闸管必须工作在$\alpha > \frac{\pi}{2}$，即$\beta < \frac{\pi}{2}$的情况下，使U_d为负。

点　拨

采用半桥或带有续流二极管的整流电路，其输出电压不能为负，电路中也不允许直流侧出现极性与输入电压相反，因此不能实现有源逆变。只有采用全桥的整流电路才能实现有源逆变。

3. 逆变失败的原因

当整流电路工作在逆变状态时，一旦换相失败，电路将会重新工作在整流状态，外接的直流电源就会通过晶闸管电路形成短路，从而使逆变电路的直流侧电压和直流电动势变成同向串联，这种情况称为逆变失败。此时，由于逆变电路主回路的电阻很小，因此将有很大的短路电流通过晶闸管。造成逆变电路逆变失败的原因，可归纳为以下四个方面。

1）触发电路工作不可靠

触发电路不能适时、准确地向各晶闸管提供触发脉冲，造成触发脉冲丢失、延迟或功率不足，均可使晶闸管不能正常开通，从而导致逆变失败。

2）晶闸管出现故障

晶闸管出现故障，在应该关断时失去关断能力，在应该开通时无法开通，从而造成逆变失败。

3）交流电源出现异常

当整流电路工作在有源逆变状态时，如果交流电源突然消失或电压过低，就会导致逆变失败。

4）逆变角的裕量不足

在设计有源逆变电路的控制电路时，应充分考虑变压器漏感抗和晶闸管关断时间对β的影响。若β的裕量不足，则会导致电路逆变失败。一般情况下，三相有源逆变电路最小逆变角的取值范围为$\frac{\pi}{6} \sim \frac{5\pi}{18}$。

3.1.3　三相桥式有源逆变电路

1. 工作原理

三相桥式有源逆变电路如图 3-1 所示。当三相桥式全控整流电路满足有源逆变的工作条件时，该电路即三相桥式有源逆变电路。如图 3-8 所示为三相桥式有源逆变电路在不同 β 下的工作波形。

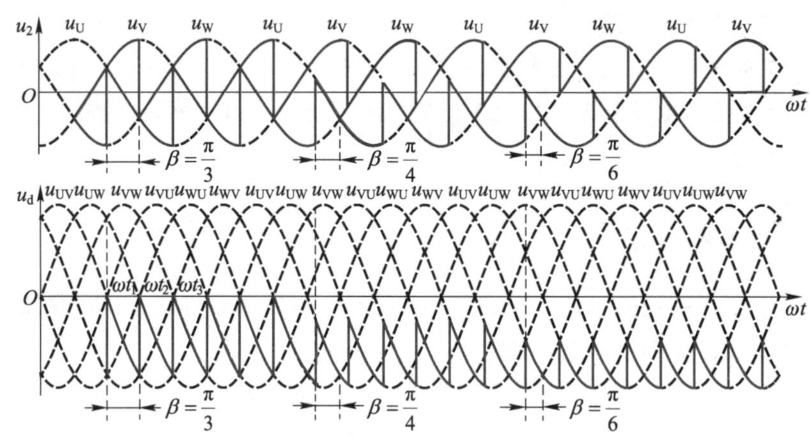

图 3-8　三相桥式有源逆变电路在不同 β 下的工作波形

在 ωt_1 时刻，虽然 u_{UV} 将由零变负，但在 E_d 的作用下，VT_1、VT_6 仍会因承受正向电压而开通，此时 $u_d = u_{UV}$。

在 $\omega t_1 \sim \omega t_2$ 时间段内，在 E_d 和 L 的共同作用下，VT_1、VT_6 持续开通，I_d 从 E_d 的正极流出，经 VT_6、V 相、U 相、VT_1，最后流入 E_d 的负极。

在 ωt_2 时刻，在 E_d 和 L 的共同作用下，VT_2 开通，VT_1 仍保持开通，而 VT_6 关断。

在 $\omega t_2 \sim \omega t_3$ 时间段内，I_d 从 E_d 的正极流出，经 VT_2、W 相、U 相、VT_1，最后流入 E_d 的负极，此时 $u_d = u_{UW}$。

此后，VT_3、VT_4、VT_5、VT_6 依次开通，u_d 将分别为 u_{VW}、u_{VU}、u_{WU}、u_{WV}。在一个周期内，u_d 的波形由 6 段线电压波形组成，每段线电压的波形相同，脉宽均为 $\frac{\pi}{3}$。随着 β 的减小，u_d 波形负值部分面积增大，相电压 u_2 的有效值也增大，该逆变电路能从直流侧反馈更多电能至交流电网。

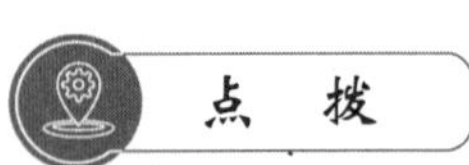

点　拨

晶闸管在阻断时所承受正向电压的峰值与线电压的峰值相同，应以此为依据选择合适的晶闸管。

2．基本参数

三相桥式有源逆变电路基本参数的计算方式与整流电路的相似，具体如下。

（1）该逆变电路输出直流电压 U_d 的计算公式与整流电路的相同，即

$$U_d = -2.34U_2\cos\beta = -1.35U_{2L}\cos\beta \tag{3-1}$$

其中，U_{2L} 表示线电压。

（2）输出电流为

$$I_d = \frac{U_d - E_M}{R_\Sigma} \tag{3-2}$$

其中，$R_\Sigma = R_B + R_D$，R_B 表示变压器次级绕组的电阻，R_D 表示电路输入端的总电阻。

（3）每个晶闸管开通 $\frac{2\pi}{3}$，因此通过各晶闸管的电流有效值为

$$I_{VTn} = \frac{I_d}{\sqrt{3}} \tag{3-3}$$

（4）变压器二次侧线电流的有效值为

$$I_2 = \sqrt{2}I_{VTn} = \sqrt{\frac{2}{3}}I_d \tag{3-4}$$

【例3-1】 已知在三相桥式有源逆变电路中，电阻 R_Σ 为 $4\,\Omega$，电感 L 极大，$U_2 = 200\text{ V}$，$E_M = -400\text{ V}$。当 $\beta = \frac{\pi}{3}$ 时，试求该逆变电路的输出电压 U_d、输出电流 I_d 和通过晶闸管的电流有效值 I_{VTn}。

【解】根据式（3-1）可知，该逆变电路的输出电压为

$$U_d = -2.34U_2\cos\beta = -234(\text{V})$$

根据式（3-2）可知，该逆变电路的输出电流为

$$I_d = \frac{U_d - E_M}{R_\Sigma} = 41.5(\text{A})$$

根据式（3-3）可知，通过晶闸管的电流有效值为

$$I_{VTn} = \frac{I_d}{\sqrt{3}} \approx 24.0(\text{A})$$

任务 3.2 测试无源逆变电路

任务引入

在日常生活中，有许多用直流电源向交流负载供电的场合。如图 3-9 所示为日常生活中常见的直流电源，当用这些电源直接向交流负载供电时，就需要无源逆变电路将直流电转化为交流电。

如图 3-10 所示为单相全桥电压型无源逆变电路，请选择合适的工具和器材，连接并测试该电路，分析其基本参数并绘制其工作波形。

（a）蓄电池

（b）太阳能电池

图 3-9 日常生活中常见的直流电源

图 3-10 单相全桥电压型无源逆变电路

本任务的知识与技能要求如表 3-5 所示。

表 3-5 知识与技能要求

任务内容	测试无源逆变电路	学习程度		
		识记	理解	应用
学习任务	无源逆变的变换原理		●	
	单相电压型无源逆变电路		●	
	三相电压型无源逆变电路		●	
	单相电流型无源逆变电路		●	
	三相电流型无源逆变电路		●	
实训任务	测试单相全桥电压型无源逆变电路			●
自我勉励				

任务工单——测试单相全桥电压型无源逆变电路

1. 知识准备

测试单相全桥电压型无源逆变电路

在图 3-10 中，Q_1和Q_4构成一对桥臂，Q_2和Q_3构成另一对桥臂，这两对桥臂的触发信号互补，可使两对桥臂交替开通，导通角均为π。当Q_1、Q_4或Q_2、Q_3开通时，输出电流i_o和输出电压u_o同方向，直流侧向负载提供电能；而当VD_1、VD_4或VD_2、VD_3开通时，i_o和u_o反向，L中储存的电能向直流侧反馈，即L将其吸收的无功电能反馈给直流侧，反馈的电能暂时储存在直流侧电容C中，直流侧电容C起着缓冲这种无功电能的作用。

点　拨

在交流电路中，对于具有电感性质或电容性质的负载，在通过交流电后便会建立起电感线圈的磁场或电容器极板间的电场。在交流电每个周期的正半周，这些负载将从电源吸收电能，用于建立磁场或电场；而在交流电每个周期的负半周，这些负载又通过磁场或电场将电能反馈至电源。因此，在整个周期内电路输出功率的平均值等于零，这部分电能称为无功电能。

2. 工具和器材准备

准备任务实施所需的工具和器材，补全表 3-6。

表 3-6　工具和器材清单

名称	规格	型号	数量	名称	规格	型号	数量
直流稳压电源			1 路	发光二极管			2 个
数字万用表			1 台	示波器			1 台
IGBT 模块			4 个	电阻			1 个
IGBT 驱动模块			4 个	开关			1 组
二极管			4 个	导线			若干

3. 任务实施

1）连接电路

选择合适的工具和器材，按图 3-11 连接电路。

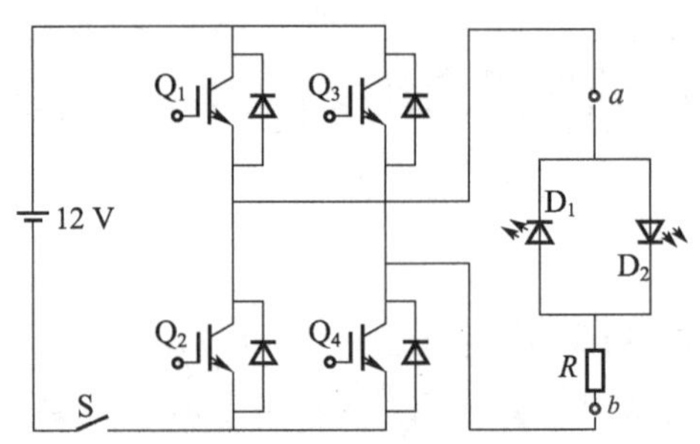

图 3-11　单相全桥电压型无源逆变电路的测试电路

2）测试电路

断开电源开关 S，在直流稳压电源的输入端接入 220 V 的工频交流电，然后按以下步骤进行测试。

（1）闭合 S，观察发光二极管 D_1、D_2 的状态（熄灭/发光），并将结果记录在表 3-7 中；用数字万用表检测 a、b 两端的电压值 U_{ab}，并将结果记录在表 3-7 中。

（2）调节 IGBT 驱动模块，仅让 Q_1、Q_4 开通，观察 D_1、D_2 的状态（熄灭/发光），并将结果记录在表 3-7 中；用数字万用表检测 U_{ab} 的值，并将结果记录在表 3-7 中。

（3）调节 IGBT 驱动模块，仅让 Q_2、Q_3 开通，观察 D_1、D_2 的状态（熄灭/发光），并将结果记录在表 3-7 中；用数字万用表检测 U_{ab} 的值，并将结果记录在表 3-7 中。

表 3-7　单相全桥电压型无源逆变电路的测试数据

测试顺序	D_1 的状态	D_2 的状态	U_{ab}/V
所有桥臂都不工作			
Q_1、Q_4 开通			
Q_2、Q_3 开通			

（4）用示波器采集 u_{ab} 的波形，并将波形曲线绘制在图 3-12 中。

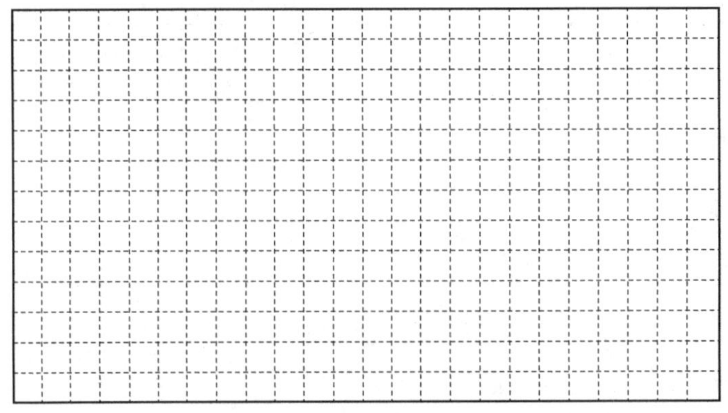

图 3-12　绘制 u_{ab} 的波形曲线

（5）操作结束后，关闭电源，拆除电路，按要求整理实验台。

结论：

（1）图 3-10 所示的单相全桥电压型无源逆变电路由________个半桥组成，当该逆变电路处于工作状态时，有且仅有________个半桥工作。

（2）在图 3-11 所示的电路中，当所有半桥都不工作时，D_1 处于________（熄灭/发光）状态，D_2 处于________（熄灭/发光）状态；当 Q_1、Q_4 构成的半桥工作时，D_1 处于________（熄灭/发光）状态，D_2 处于________（熄灭/发光）状态；当 Q_2、Q_3 构成的半桥工作时，D_1 处于________（熄灭/发光）状态，D_2 处于________（熄灭/发光）状态。

（3）单相全桥电压型无源逆变电路输出电压 u_{ab} 的波形为________形。

创想天地

能够将直流电变换为交流电的换流器称为逆变器，其核心部件是逆变电路。近年来，我国可再生能源利用相关技术一直处于全球领先地位。其中，光伏电站是我国生产可再生能源的重要设施之一，而逆变器是光伏电站的核心部件之一。随着光伏产业“井喷式”发展，逆变器市场也迎来了“高光时刻”，并且未来将会迎来新一波增长。请查阅有关资料，了解逆变器还会在哪些行业发挥重要作用。

4．任务评价

请指导教师按照学生的实际表现情况进行评分，并将评分结果填入表 3-8 中。

表 3-8　考核评价表

评价项目	评价标准	满分/分	实际得分/分	指导教师评语
技能操作	能正确连接单相全桥电压型无源逆变电路的测试电路	25		
	能正确测试单相全桥电压型无源逆变电路	25		
	能正确检测所测电路的输出电压并绘制波形曲线	20		
	测试完毕后能正确拆除电路，整理器材并归位	10		
参与程度	认真参加活动，积极思考，主动与同学、指导教师进行交流，善于发现和解决问题	10		
合作意识	积极参与探讨，勇于接受任务，敢于承担责任，团结协作，组织和协调能力强	10		
总分		100		

3.2.1 无源逆变电路的变换原理

如图 3-13 所示为无源逆变电路的基本结构及工作波形。其中，U_d 为直流电压源，Q_1～Q_2 为无源逆变电路四组桥臂上的开关器件，R 为电阻负载。当 Q_1、Q_4 闭合，Q_2、Q_3 断开时，i_o 从 U_d 的正极出发，经过 Q_1、R、Q_4 回到 U_d 的负极，此时 u_o 为正；当 Q_2、Q_3 闭合，Q_1、Q_4 断开时，i_o 从 U_d 的正极出发，经过 Q_3、R、Q_2 回到 U_d 的负极，此时 u_o 和 i_o 均为负。改变两组开关器件的切换频率，即可改变输出交流电的频率。

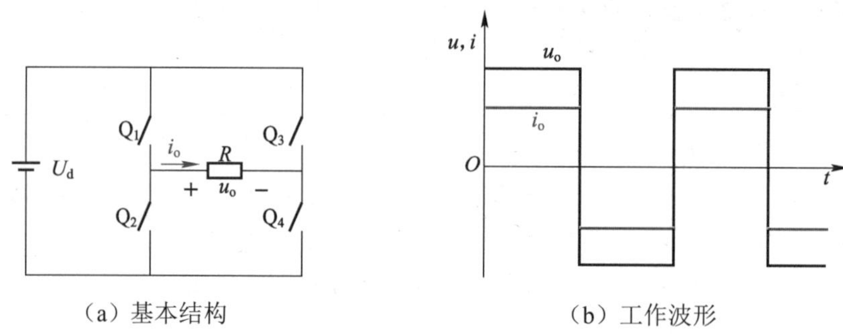

（a）基本结构 （b）工作波形

图 3-13 无源逆变电路的基本结构及工作波形

无源逆变电路所带负载不同，其 u_o 和 i_o 的波形也会有所不同。当将图 3-13（a）中的电阻负载换为阻感负载时，该电路的工作波形如图 3-14 所示。由于阻感负载中电感的作用，i_o 的波形相位滞后于 u_o，且波形不同。

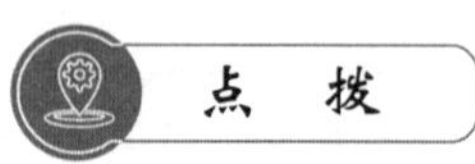

为便于分析，当 Q 不特指具体何种开关器件时，其电路图形符号统一采用普通开关的图形符号，后文不再逐一对此进行解释。

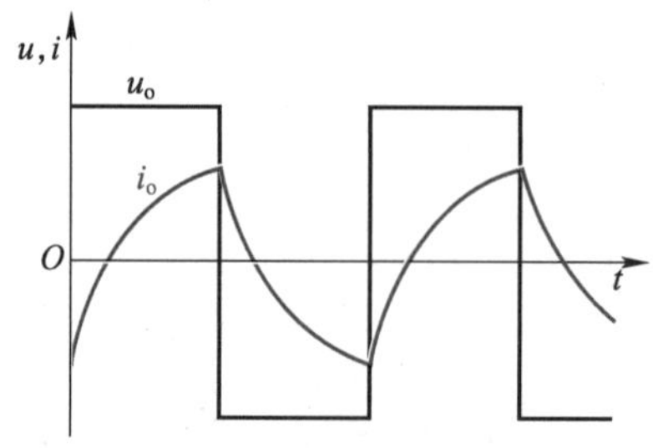

图 3-14 带阻感负载的无源逆变电路的工作波形

无源逆变电路输出电压的极性只取决于主电路开关器件的开关状态，与负载的性质无关。

3.2.2 电压型无源逆变电路

电压型无源逆变电路的类型很多，其中采用全控型开关器件的电压型无源逆变电路应用较为广泛，其换相方式大多为器件换相。根据输入电源相数的不同，电压型无源逆变电路可分为单相电压型无源逆变电路和三相电压型无源逆变电路两种。如无特别说明，本书所述电压型无源逆变电路均指器件换相式电压型无源逆变电路。

1. 单相电压型无源逆变电路

单相电压型无源逆变电路的种类很多，其中最常见的是单相半桥电压型无源逆变电路和单相全桥电压型无源逆变电路。

1）单相半桥电压型无源逆变电路

如图 3-15 所示为单相半桥电压型无源逆变电路及其工作波形。该逆变电路中有两组桥臂，每组桥臂上接有一个 IGBT 和一个反向并联的二极管；在电路的输入端接有两个相互串联的电容 C_1、C_2，C_1、C_2 足够大且满足 $C_1 = C_2$，两个电容的连接点为 U_d 的中电位点，阻感负载连接在 U_d 的中电位点和两组桥臂的连接点之间。

设 Q_1 和 Q_2 的触发信号在一个周期内各有半周正偏、半周反偏，且两者互补，则该逆变电路的工作波形如图 3-15（b）所示，该逆变电路的工作原理如下。

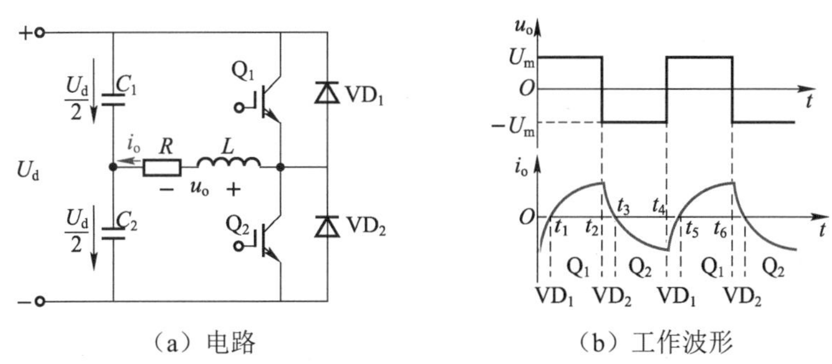

（a）电路　　（b）工作波形

图 3-15　单相半桥电压型无源逆变电路及其工作波形

（1）在 t_1 时刻，Q_1 开通，Q_2 关断，由于电路中 L 的存在，i_o 逐渐增大，此时 u_o 为矩形波，其幅值 $U_m = U_d/2$。

（2）在 t_2 时刻，Q_1 关断，Q_2 接收到触发信号，但由于 i_o 无法突变，因此 VD_2 开通以用于续流，i_o 逐渐减小。

（3）在 t_3 时刻，i_o 减小为零，VD_2 关断，Q_2 开通，i_o 开始反向增大，此时 $U_m = -U_d/2$。

（4）在 t_4 时刻，Q_2 关断，Q_1 接收到触发信号，由于 i_o 无法突变，因此 VD_1 开通以用于续流，i_o 逐渐减小。

（5）在 t_5 时刻，i_o 减小为零，VD_1 关断，Q_1 开通，之后电路将重复上述工作过程。

通过上述分析，可得到以下结论。

（1）当 Q_1 或 Q_2 开通时，i_o 和 u_o 方向相同，电路输入端向负载供电。

（2）当 VD_1 或 VD_2 开通时，i_o 和 u_o 方向相反，L 将其储存的电能反馈至电路输入端。VD_1 和 VD_2 为反馈电能提供了通道，可实现 i_o 的续流。因此，该二极管又称续流二极管。

单相半桥电压型无源逆变电路的优点是结构简单，使用的器件少，成本低。但由于其输出端电压的幅值仅为输入端电压的 1/2，且在工作时需要控制直流侧两个电容的电压，使两者保持均衡，因此单相半桥电压型无源逆变电路仅适用于几千瓦以下的小功率电源电路。

笔记

2）单相全桥电压型无源逆变电路

在如图 3-10 所示的单相全桥电压型无源逆变电路中，当 Q_1、Q_4 开通时，u_o 为正，i_o 与 u_o 同向。当 Q_1、Q_4 关断时，VD_2、VD_3 开通以用于续流，i_o 开始反向；当 Q_2、Q_3 开通时，i_o 反向增大；当 Q_2、Q_3 关断时，VD_1、VD_4 开通以用于续流，维持 i_o 的方向不变；当 i_o 下降为零时，VD_1、VD_4 截止，Q_1、Q_4 开通，i_o 反向。之后电路将重复上述工作过程。

单相全桥电压型无源逆变电路的工作波形与单相半桥电压型无源逆变电路的相同，但其输出电压和输出电流的幅值均为单相半桥电压型无源逆变电路的两倍。对于带阻感负载的单相全桥电压型无源逆变电路，可通过移相来调节逆变电路的输出电压，这种调压方法称为移相调压。如图 3-16 所示为单相全桥电压型无源逆变电路移相调压时的工作波形。

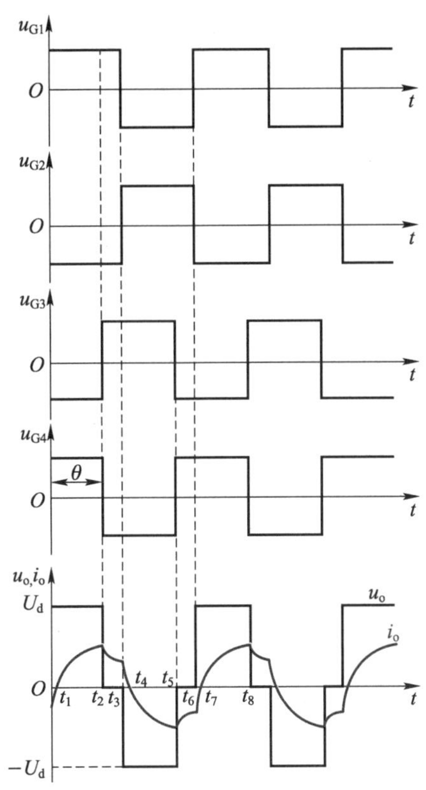

图 3-16　单相全桥电压型无源逆变电路移相调压时的工作波形

（1）在 0～t_1 区间，Q_1 和 Q_4 开通，Q_2 和 Q_3 关断；i_o 为负，Q_1 和 Q_4 中并无电流通过，VD_1 和 VD_4 开通以用于续流，此时 u_o 为矩形波，其幅值 $U_m = U_d$ 。

（2）在 t_1～t_2 区间，Q_1 和 Q_4 开通，Q_2 和 Q_3 关断；i_o 为正，其值逐渐增大，此时 u_o 的幅值 $U_m = U_d$ 。

（3）在 t_2～t_3 区间，Q_1 和 Q_3 开通，Q_2 和 Q_4 关断；L 放电以维持 i_o 的流动方向不变，i_o 的值缓慢下降，此时 $u_o = 0$ 。

（4）在 t_3～t_4 区间，Q_2 和 Q_3 开通，Q_1 和 Q_4 关断；VD_2 、VD_3 开通以用于续流，i_o 逐渐减小直至为零。

（5）在 t_4～t_5 区间，Q_2 和 Q_3 开通，Q_1 和 Q_4 关断；VD_2 、VD_3 关断，i_o 为负，此时 $U_m = -U_d$ 。

（6）在 t_5～t_6 区间，Q_2 和 Q_4 开通，Q_1 和 Q_3 关断；VD_2 开通以用于续流，此时 $u_o = 0$ 。

通过上述分析，可得到以下结论。

在图 3-16 中，Q_3 和 Q_4 的触发脉冲比 Q_1 和 Q_2 的触发脉冲滞后了 θ（$0<\theta<\pi$），且 u_o 的正、负脉冲宽度均为 θ ，因此通过改变 θ 的值就可调节 u_o 的大小。

头脑风暴

如果单相全桥电压型无源逆变电路中的负载为电阻负载，则该逆变电路的输出电压和输出电流将会发生什么变化？

单相全桥电压型无源逆变电路的优点是输出电压高，输出功率大；但该逆变电路使用的开关器件多，成本高，且要求开关器件具有较高的参数一致性，从而使其驱动电路较为复杂，实现同步比较困难。单相全桥电压型逆变电路通常应用于 1 kW 以上的超大功率电源电路。

笔记

2．三相电压型无源逆变电路

一个三相电压型无源逆变电路可由三个单相电压型无源逆变电路组合而成，其中应用较广泛的是三相桥式电压型无源逆变电路。

如图 3-17 所示为三相桥式电压型无源逆变电路及其工作波形。在图 3-17（a）中，N 为负载中性点，N′为假想中性点。在一个周期内，该逆变电路中六个开关器件按照 $Q_1-Q_2-Q_3-Q_4-Q_5-Q_6$ 的顺序依次触发开通，相邻两个开关器件开通的相位间隔为 $\frac{\pi}{3}$。三相桥式电压型无源逆变电路的每组桥臂开通的电角度为 π，同一相（即同一半桥）上下两桥臂交替开通，各相的相位依次相差 $\frac{2\pi}{3}$，且在任一瞬间都有三组桥臂同时开通。

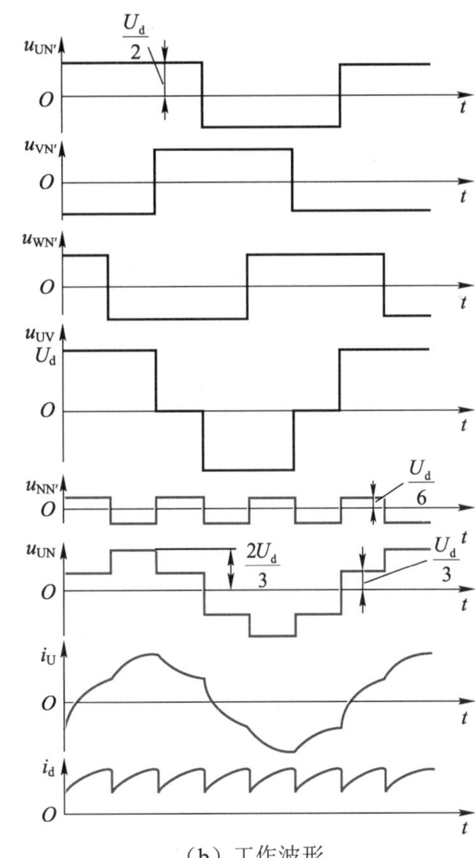

（a）电路　　（b）工作波形

图 3-17　三相桥式电压型无源逆变电路及其工作波形

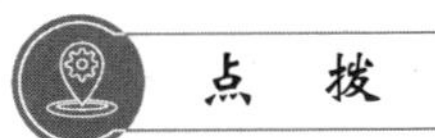

在三相桥式电压型无源逆变电路中，由于每次换相都是在同一相上下两桥臂之间进行的，因此这种变流方式又称纵向变流。

以 U 相为例，当 Q_1 开通时，$u_{UN'}=U_d/2$；当 Q_4 开通时，$u_{UN'}=-U_d/2$。因此，$u_{UN'}$ 的波形是幅值为 $U_d/2$ 的矩形波。其他两相情况与 U 相类似，如图 3-17（b）所示。

根据以下公式可绘制出线电压 u_{UV}、u_{VW}、u_{WU} 的波形。

$$\begin{cases} u_{UV}=u_{UN'}-u_{VN'} \\ u_{VW}=u_{VN'}-u_{WN'} \\ u_{WU}=u_{WN'}-u_{UN'} \end{cases} \tag{3-5}$$

根据以下公式可绘制出相电压 u_{UN}、u_{VN}、u_{WN} 的波形。

$$\begin{cases} u_{UN}=u_{UN'}-u_{NN'} \\ u_{VN}=u_{VN'}-u_{NN'} \\ u_{WN}=u_{WN'}-u_{NN'} \end{cases} \tag{3-6}$$

负载中性点 N 和假想中性点 N′ 间的电压 $u_{NN'}$ 为

$$u_{NN'}=\frac{1}{3}(u_{UN'}+u_{VN'}+u_{WN'})-\frac{1}{3}(u_{UN}+u_{VN}+u_{WN}) \tag{3-7}$$

假设三相桥式电压型无源逆变电路中的负载为三相对称负载，则 $u_{UN}+u_{VN}+u_{WN}=0$，此时 $u_{NN'}=(u_{UN'}+u_{VN'}+u_{WN'})/3$，其频率是 $u_{UN'}$ 的三倍，幅值为 $U_d/6$，是 $u_{UN'}$ 幅值的 1/3。

当负载的参数已知时，通过 u_{UN} 的波形可求出 U 相电流 i_U 的波形，且电流 i_V、i_W 的波形与 i_U 相同，将桥臂 Q_1、Q_3、Q_5 上的电流相加后即可得到 I_d 的波形。

对三相桥式电压型无源逆变电路进行分析可得，输出线电压的有效值 U_{UV} 为

$$U_{UV}=\sqrt{\frac{1}{2\pi}\int_0^{2\pi}u_{UV}^2\mathrm{d}\omega t}=0.82U_d \tag{3-8}$$

输出相电压的有效值 U_{UN} 为

$$U_{UN}=\sqrt{\frac{1}{2\pi}\int_0^{2\pi}u_{UN}^2\mathrm{d}\omega t}=0.47U_d \tag{3-9}$$

三相桥式电压型无源逆变电路具有较强的自平衡能力，该逆变电路中全控型器件开关速度快，功率损耗小，且具有耐脉冲电流冲击的能力，多应用于小功率逆变的场合。

点　拨

在三相桥式电压型无源逆变电路中，输入端电流每隔 $\frac{\pi}{3}$ 脉动一次，因此该逆变电路从输入端向输出端传送的功率是脉动的，这是电压型无源逆变电路的特点之一。

【例 3-2】　在某三相桥式电压型无源逆变电路中，测得 $U_d=100$ V。试求该逆变电路输出线电压的有效值 U_{UV} 和相电压的有效值 U_{UN}。

【解】根据式（3-8）可知，该逆变电路输出线电压的有效值为

$$U_{UV}=\sqrt{\frac{1}{2\pi}\int_0^{2\pi}u_{UV}^2\mathrm{d}\omega t}=0.82U_d=82(\mathrm{V})$$

根据式（3-9）可知，该逆变电路输出相电压的有效值为

$$U_{UN}=\sqrt{\frac{1}{2\pi}\int_0^{2\pi}u_{UN}^2\mathrm{d}\omega t}=0.47U_d=47(\mathrm{V})$$

3.2.3　电流型无源逆变电路

根据电源输入相数的不同，电流型无源逆变电路一般可分为单相电流型无源逆变电路和三相电流型无源逆变电路两种。电流型无源逆变电路主要有以下特点。

（1）电路直流侧输入端串联大电感，相当于恒流源，并且直流侧输入端的电流基本无脉动，直流回路呈现高阻抗特性。

（2）电路中开关器件的作用是改变直流电流的流通路径，而不是改变其大小。因此，交流侧输出电流的波形为矩形波，且与负载的阻抗角无关，而交流侧输出电压的波形和相位则与负载的阻抗角有关。

（3）当逆变电路的交流侧带阻感负载时，需要为负载提供无功电能。电路中直流侧电感的作用是缓冲无功电能。由于电流型无源逆变电路在反馈无功电能时，电流并不反向，因此该逆变电路中的开关器件无需与反馈二极管并联。

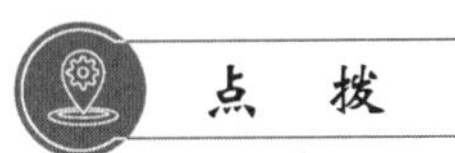

阻抗角是指交流电路中相电压和相电流之间的相位差，又称功率因数角，也可表述为复（数）阻抗的辐角。阻抗角的数值等于正弦电压与正弦电流之间的相位差。

笔记

1．单相电流型无源逆变电路

如图 3-18 所示为单相桥式电流型无源逆变电路及其工作波形。其中，R 与 L 串联形成感应线圈的等效电路，再与 C 并联构成并联谐振电路，因此该逆变电路又称单相桥式电流型并联谐振无源逆变电路。该电路主要由四组桥臂构成，每组桥臂上的晶闸管各自串联

一个电抗器 L_T ，用于限制晶闸管开通时的 di/dt。

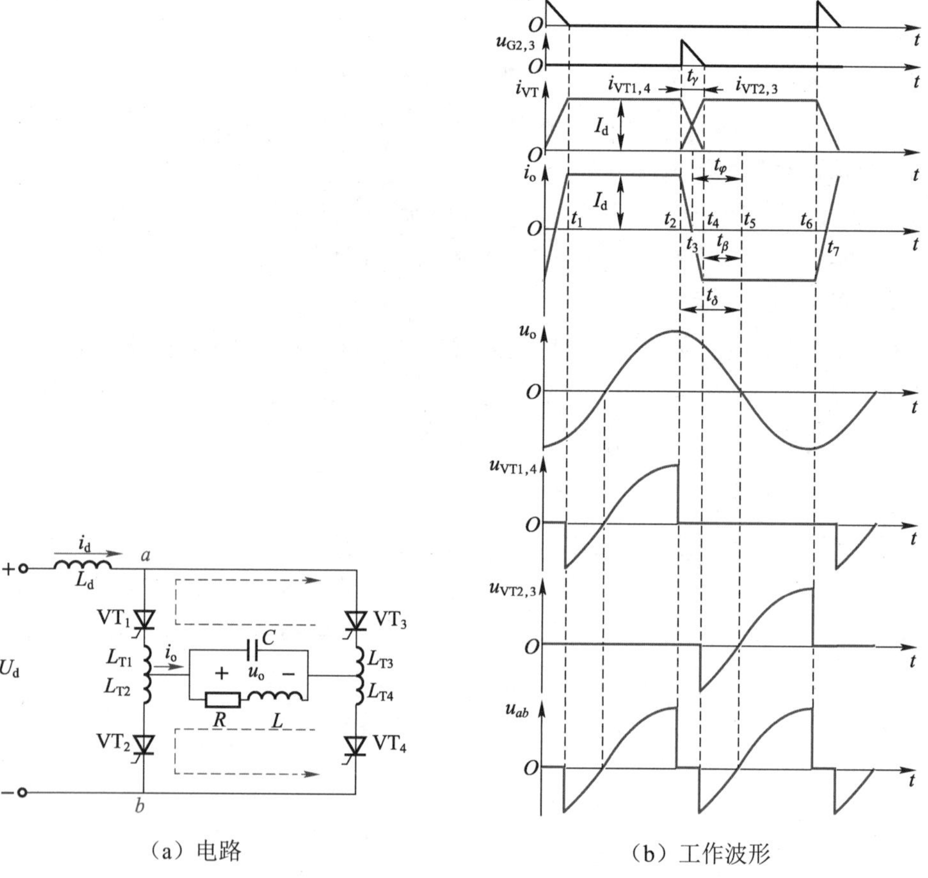

（a）电路　　　　（b）工作波形

图 3-18　单相桥式电流型无源逆变电路及其工作波形

由于该逆变电路采用负载变相的工作方式，要求负载电流的相位略超前于负载电压的相位，因此负载略呈容性。在图 3-18（b）中，交流电流的一个周期内有两个稳定开通阶段和两个变换阶段，i_o 的波形接近矩形波，其波形含有基波分量和各奇次谐波分量，且奇次谐波分量的幅值远小于基波分量的幅值。

（1）在 $t_1 \sim t_2$ 时间段，VT_1 和 VT_4 处于稳定开通阶段，i_o 的幅值为 I_d ，此时逆变电路为 C 充电，C 两端电压的极性为左正右负。

（2）在 t_2 时刻，VT_2 和 VT_3 触发开通，逆变电路开始进入变换阶段。在电抗器 L_T 的作用下，VT_1 和 VT_4 不能立即关断，通过 VT_1 和 VT_4 的电流有一个减小的过程，而通过 VT_2 和 VT_3 的电流有一个增大的过程。此时，四个晶闸管均开通，共形成两个放电回路。其中一个回路经 L_{T1}、VT_1、VT_3、L_{T3} 回到 C；另一个回路经 L_{T2}、VT_2、VT_4、L_{T4} 回到 C，如图 3-18（a）中虚线所示。

（3）在t_3时刻，$i_o = 0\,A$。在t_4时刻，通过VT_1和VT_4的电流减小至零，两者关断，电流转移至VT_2和VT_3上，变换阶段结束。因此，$t_2 \sim t_4$时间段是该逆变电路的变换时间，用t_γ表示，即$t_\gamma = t_4 - t_2$。

（4）在$t_4 \sim t_6$时间段，VT_2和VT_3开通；在t_6时刻以后电路又进入下一个变换阶段，其过程与$t_2 \sim t_4$时间段类似。

通过上述分析可得到以下结论。

（1）由于晶闸管开通后，再次恢复正向阻断能力需要一定的时间，因此在变换结束后，VT_1和VT_4要承受一定时间的反向电压才能保证其可靠关断；VT_1和VT_4承受反向电压的时间用t_β表示，即$t_\beta = t_5 - t_4$，且t_β应大于晶闸管的关断时间。

（2）为保证变换过程的稳定可靠，应在u_o过零前的t_δ（$t_\delta = t_5 - t_2$）时刻内使VT_2和VT_3开通，t_δ称为触发引前时间，由图3-18（b）可得

$$t_\delta = t_\gamma + t_\beta \tag{3-10}$$

（3）i_o超前于u_o的时间用t_φ表示，即

$$t_\varphi = \frac{t_\gamma}{2} + t_\beta \tag{3-11}$$

用电角度表示则为

$$\varphi = \omega\left(\frac{t_\gamma}{2} + t_\beta\right) = \frac{\gamma}{2} + \beta \tag{3-12}$$

ω表示电路的工作角频率，γ和β分别是t_γ和t_β对应的电角度。

笔记

2．三相电流型无源逆变电路

如图3-19所示为三相桥式电流型无源逆变电路及其工作波形。在该逆变电路中，一个周期内的任意瞬间只有两组桥臂开通，桥臂上各晶闸管开通的顺序为$VT_1 - VT_2 - VT_3 - VT_4 - VT_5 - VT_6$，相邻两个晶闸管开通的相位间隔为$\frac{\pi}{3}$，每个时刻上桥臂和下桥臂中都各有一组桥臂开通，导通角为$\frac{2\pi}{3}$。

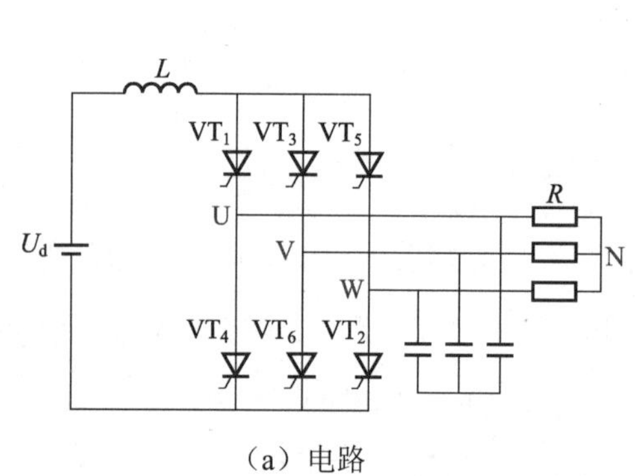

(a) 电路

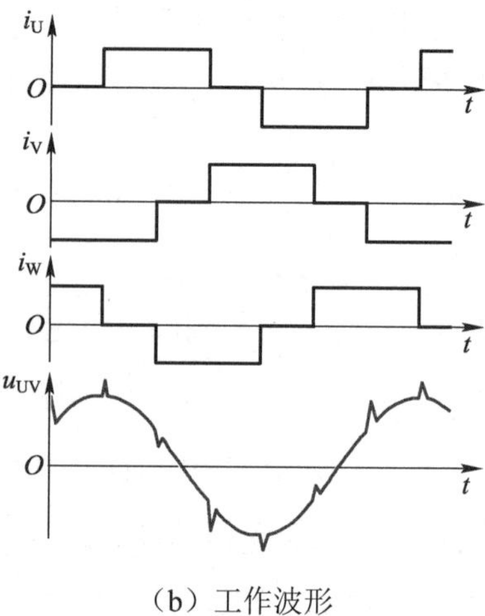

(b) 工作波形

图 3-19　三相桥式电流型无源逆变电路及其工作波形

由图 3-19（b）可得到以下结论。

（1）该逆变电路输出的交流电流的波形与负载性质无关，波形为矩形波，正、负脉冲宽度均为$\frac{2\pi}{3}$。

（2）该逆变电路输出的线电压与负载性质有关，其波形近似为正弦波。

三相桥式电流型无源逆变电路，在一个周期内每组桥臂导电$\frac{2\pi}{3}$，同一时刻上桥臂和下桥臂中各有一个晶闸管开通，这种变流方式称为横向变流。

综合测试

1. 填空题

（1）把__________变换为__________的过程称为逆变，能够实现逆变的电路称为__________。

（2）根据所带负载性质的不同，逆变电路可分为__________电路和__________电路两种。其中，__________电路用于将输入的直流电变换为与交流电网同频的交流电，并将交流电输入交流电网；__________电路用于将输入的直流电变换为交流电，并将交流电直接供给非电源负载使用。

（3）根据主电路电力电子器件关断方式的不同，逆变电路的换相方式可分为__________、__________、__________和__________四种。

（4）直流侧并联大电容，使直流电源近似为恒压源的逆变电路称为＿＿＿＿＿电路；直流侧串联大电感，使直流电源近似为恒流源的逆变电路称为＿＿＿＿＿电路。

（5）三相桥式电压型无源逆变电路的每组桥臂开通的电角度为＿＿＿＿＿，同一相上下两桥臂交替开通，各相的相位依次相差＿＿＿＿＿，且任一瞬间都有三组桥臂同时开通。

（6）在逆变电路中，为方便对电路的参数进行分析和计算，通常将大于$\frac{\pi}{2}$的触发延迟角称为＿＿＿＿＿，用β表示。

（7）逆变角与触发延迟角之间的关系为＿＿＿＿＿。

2．判断题

（1）由全控型器件组成的逆变电路称为半控型逆变电路，由晶闸管组成的逆变电路称为全控型逆变电路。（　　）

（2）利用交流电网电压向需要关断的晶闸管施加反向电压使其关断的换相方式称为电网换相。例如，有源逆变电路、相控交-交变频电路等均为电网换相。（　　）

（3）通过附加换相电路，给需要关断的晶闸管施加反向电压或反向电流进行换相的方式称为负载换相。（　　）

（4）由负载提供换相电压进行换相的方式称为负载换相。（　　）

（5）只有采用全桥的整流电路才能实现有源逆变。（　　）

（6）无源逆变电路输出电压的极性不仅取决于主电路开关器件的开关状态，还与负载的性质有关。（　　）

（7）当整流电路工作在逆变状态时，一旦换相失败，电路将会重新工作在整流状态，外接的直流电源就会通过晶闸管电路形成短路，从而使逆变电路的直流侧电压和直流电动势变成同向串联。（　　）

（8）当整流电路工作在有源逆变状态时，如果交流电源突然消失或电压过低，都会导致逆变失败。（　　）

（9）三相桥式电压型无源逆变电路具有较强的自平衡能力，该逆变电路中全控型器件开关速度快，功率损耗小，且具有耐脉冲电流冲击的能力。（　　）

（10）单相全桥电压型无源逆变电路的优点是输出电压高，输出功率大；但该逆变电路中使用的开关器件多，成本高，且要求开关器件具有较高的参数一致性，从而使其驱动电路较为复杂，实现同步比较困难。（　　）

3．综合题

（1）整流电路实现有源逆变的条件是什么？

（2）什么是逆变失败？逆变失败的原因有哪些？

学习成果评价

指导教师对学生的实际学习成果进行评价，学生配合指导教师共同完成表 3-9。

表 3-9　学习成果评价

<table>
<tr><td>班级</td><td></td><td>组号</td><td></td><td>日期</td><td colspan="2"></td></tr>
<tr><td>姓名</td><td></td><td>学号</td><td></td><td>指导教师</td><td colspan="2"></td></tr>
<tr><td>学习成果名称</td><td colspan="6">逆变电路</td></tr>
<tr><td>评价项目</td><td colspan="3">评价内容</td><td>评价方式</td><td>满分/分</td><td>评分/分</td></tr>
<tr><td rowspan="8">知识
（40%）</td><td colspan="3">逆变电路的分类和换相方式</td><td rowspan="8">理论测试</td><td>4</td><td></td></tr>
<tr><td colspan="3">有源逆变的变换原理</td><td>4</td><td></td></tr>
<tr><td colspan="3">三相桥式有源逆变电路</td><td>6</td><td></td></tr>
<tr><td colspan="3">无源逆变电路的变换原理</td><td>4</td><td></td></tr>
<tr><td colspan="3">单相电压型无源逆变电路</td><td>6</td><td></td></tr>
<tr><td colspan="3">三相电压型无源逆变电路</td><td>6</td><td></td></tr>
<tr><td colspan="3">单相电流型无源逆变电路</td><td>4</td><td></td></tr>
<tr><td colspan="3">三相电流型无源逆变电路</td><td>6</td><td></td></tr>
<tr><td rowspan="2">技能
（40%）</td><td colspan="3">测试三相桥式有源逆变电路</td><td rowspan="2">实践操作</td><td>20</td><td></td></tr>
<tr><td colspan="3">测试单相全桥电压型无源逆变电路</td><td>20</td><td></td></tr>
<tr><td rowspan="5">素养
（20%）</td><td colspan="3">积极参加教学活动，主动学习、思考、讨论</td><td rowspan="5">综合评判</td><td>6</td><td></td></tr>
<tr><td colspan="3">认真负责，按时完成学习、实践任务</td><td>4</td><td></td></tr>
<tr><td colspan="3">团结协作，与同学之间密切配合</td><td>4</td><td></td></tr>
<tr><td colspan="3">服从指挥，遵守课堂和实训室纪律</td><td>4</td><td></td></tr>
<tr><td colspan="3">守正创新，自信自强</td><td>2</td><td></td></tr>
<tr><td colspan="5">合计</td><td>100</td><td></td></tr>
<tr><td>自我评价</td><td colspan="6"></td></tr>
<tr><td>教师评价</td><td colspan="6"></td></tr>
</table>

项目 4 直流变流电路

项目导读

将直流电变换为另一电压固定或电压可调的直流电的过程称为直流-直流变换（DC/DC 变换），能实现 DC/DC 变换的电路称为直流变流电路。直流变流电路能对直流电进行降压、升压，广泛应用于直流电动机调速、蓄电池充电、新能源发电等场合。

本项目主要介绍直流变流电路的分类和变换原理，以及典型直流斩波电路和间接直流变流电路的工作原理及基本参数。

知识目标

- 掌握直流变流电路的分类和变换原理。
- 掌握降压、升压、升降压斩波电路的工作原理和基本参数。
- 了解库克斩波电路的工作原理和基本参数。
- 掌握单端直流变流电路的工作原理和基本参数。
- 掌握双端直流变流电路的工作原理和基本参数。

技能目标

- 能测试基本直流斩波电路。
- 能测试正激电路。

素质目标

- 树立清晰的人生目标和职业理想。

任务 4.1 测试基本直流斩波电路

任务引入

直流变流电路可分为直接直流变流电路和间接直流变流电路两大类。其中，直接直流变流电路又称直流斩波电路，它采用具有自关断能力的全控型电力电子器件（如 power MOSFET、IGBT 等）作为开关器件，可直接对直流电进行变换，其输入部分与输出部分之间不存在电气隔离。

直流斩波电路的类型很多，如图 4-1 所示为两种基本直流斩波电路。请选择合适的工具和器材，连接并测试这两种电路，同时分析它们的基本参数并绘制它们的工作波形。

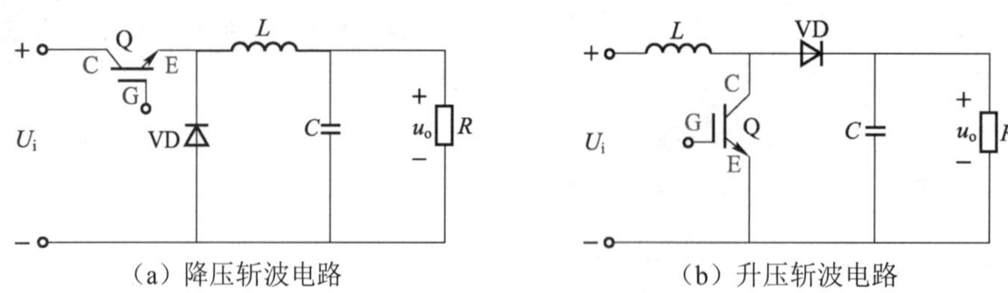

（a）降压斩波电路　　（b）升压斩波电路

图 4-1　两种基本直流斩波电路

本任务的知识与技能要求如表 4-1 所示。

表 4-1　知识与技能要求

任务内容	测试基本直流斩波电路	学习程度		
		识记	理解	应用
学习任务	直流变流电路的分类和变换原理		●	
	降压斩波电路		●	
	升压斩波电路		●	
	升降压斩波电路		●	
	库克斩波电路	●		
实训任务	测试基本直流斩波电路			●
自我勉励				

任务工单——测试基本直流斩波电路

1．知识准备

测试基本直流斩波电路

降压斩波电路和升压斩波电路是最基本的直流斩波电路。它们通过控制其内部的电力电子器件进行周期性地开通和关断，从而向负载断续地输出直流电。只要改变电路内部电力电子器件每周期的开通时间(即占空比 D 的大小),即可改变输出电压的大小。

在图 4-1（a）中，Q 为开关器件；VD 为续流二极管，其作用是在 Q 关断时为 L 储存的电能提供续流通道；R 为负载。

在图 4-1（b）中，Q 与 R 并联，VD 与 R 串联，L 与电源串联。

2．工具和器材准备

准备任务实施所需的工具和器材，补全表 4-2。

表 4-2　工具和器材清单

名称	规格	型号	数量	名称	规格	型号	数量
直流稳压电源	120 V		1 路	二极管			1 个
PWM 信号发生器			1 个	电感			1 个
数字万用表			1 台	电容			1 个
IGBT 模块			1 组	电阻			1 个
示波器			1 台	导线			若干

点　拨

PWM（pulse width modulation，即脉冲宽度调制）信号发生器是一种通过对脉冲宽度进行调制，从而产生所需要波形信号的装置。

3．任务实施

1）测试降压斩波电路

选择合适的工具和器材，按图 4-1（a）连接电路。断开直流稳压电源的开关，在其输入端接入 220 V 的工频交流电，然后按以下步骤进行测试。

（1）将 PWM 信号发生器的触发信号端与电路中 Q 的 G 端相连，并将 PWM 信号发生器的接地端与 Q 的 E 端相连。

(2)打开直流稳压电源的开关，调节 PWM 信号发生器，分别令 D 为 0.2、0.3、0.4、0.5、0.6、0.7、0.8、0.9，用数字万用表检测 U_o 在不同 D 下的值，并将检测结果记录在表 4-3 中；用示波器采集 u_o 和 i_o 在不同 D 下的波形，并将波形曲线绘制在图 4-2 中。

表 4-3 降压斩波电路的测试数据

D	0.2	0.3	0.4	0.5	0.6	0.7	0.8	0.9
U_o/V								

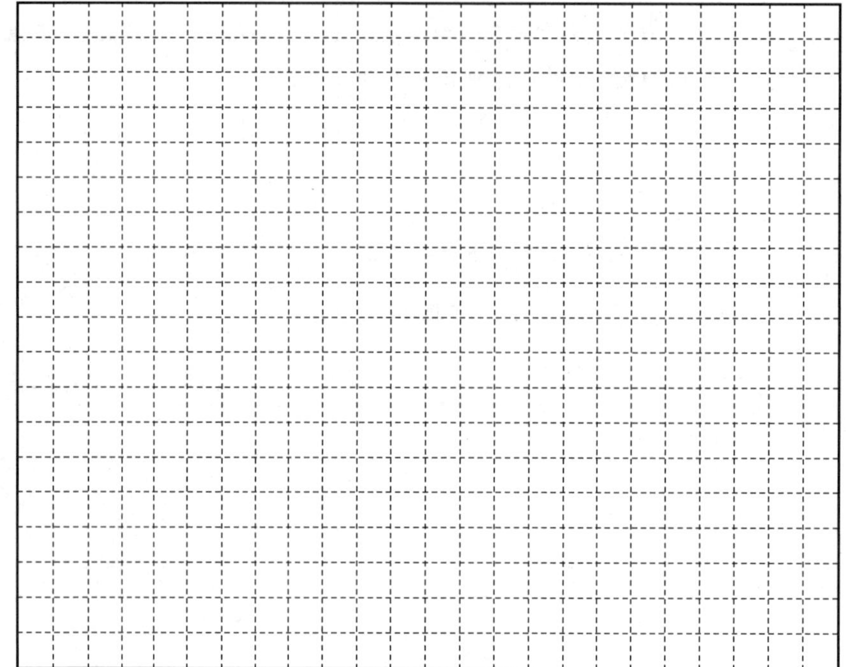

图 4-2 绘制 u_o、i_o 在不同 D 下的波形曲线

(3)操作结束后，关闭电源，拆除电路，并按要求整理实验台。

结论：在降压斩波电路中，随着 D 的增大，U_o______(增大/减小)，且 U_o 始终______(大于/小于)U_i。

2)测试升压斩波电路

选择合适的工具和器材，按图 4-1(b)连接电路。断开直流稳压电源的开关，在其输入端接入 220 V 的工频交流电，然后按以下步骤进行测试。

(1)将 PWM 信号发生器的触发信号端与电路中 Q 的 G 端相连，并将 PWM 信号发生器的接地端与 Q 的 E 端相连。

(2)打开直流稳压电源的开关，调节 PWM 信号发生器，分别令 D 为 0.2、0.3、0.4、

0.5、0.6、0.7、0.8、0.9，用数字万用表检测 U_o 在不同 D 下的值，并将检测结果记录在表 4-4 中；用示波器采集 u_o 和 i_o 在不同 D 下的波形，并将波形曲线绘制在图 4-3 中。

表 4-4　升压斩波电路的测试数据

D	0.2	0.3	0.4	0.5	0.6	0.7	0.8	0.9
U_o/V								

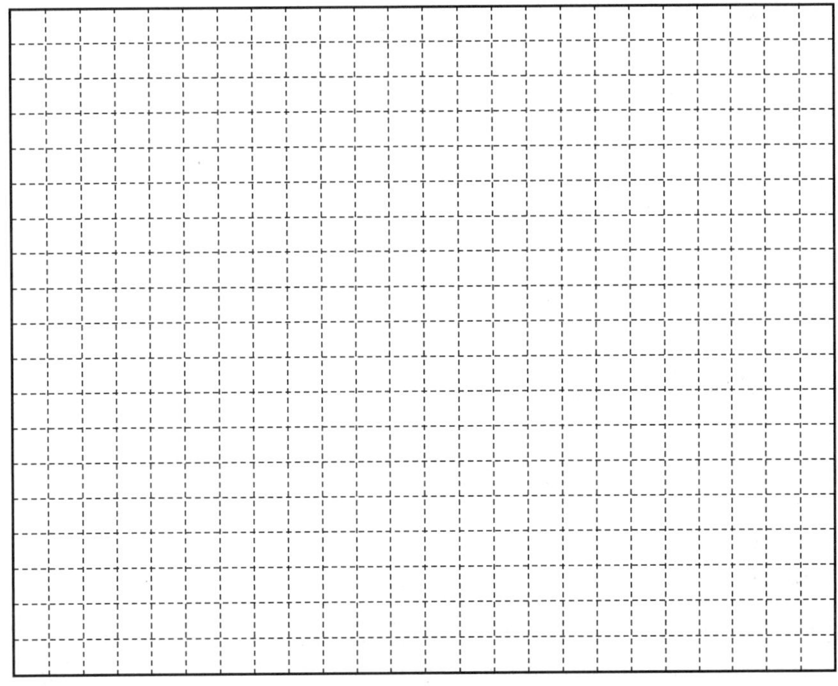

图 4-3　绘制 u_o、i_o 在不同 D 下的波形曲线

（3）操作结束后，关闭电源，拆除电路，并按要求整理实验台。

结论：在升压斩波电路中，随着 D 的增大，U_o________（增大/减小），且 U_o 始终________（大于/小于）U_i。

创想天地

除了降压斩波电路和升压斩波电路，还有其他类型的直流斩波电路。请查阅有关资料，了解它们的输出电压和输出电流所具有的特点。

4．任务评价

请指导教师按照学生的实际表现情况进行评分，并将评分结果填入表 4-5 中。

表 4-5　考核评价表

评价项目	评价标准	满分/分	实际得分/分	指导教师评语
技能操作	能正确连接降压斩波电路	15		
	能正确测试、分析降压斩波电路	15		
	能正确连接升压斩波电路	15		
	能正确测试、分析升压斩波电路	15		
	测试完毕后能正确拆除电路，整理器材并归位	20		
参与程度	认真参加活动，积极思考，主动与同学、指导教师进行交流，善于发现和解决问题	10		
合作意识	积极参与探讨，勇于接受任务，敢于承担责任，团结协作，组织和协调能力强	10		
总分		100		

4.1.1　直流变流电路概述

1. 直流斩波电路的分类和变换原理

1）直流斩波电路的分类

根据电路结构和功能的不同，直流斩波电路可分为降压斩波电路、升压斩波电路、升降压斩波电路和库克斩波电路四种。其中，降压斩波电路和升压斩波电路是最基本的直流斩波电路，而另外两种直流斩波电路可由降压斩波电路和升压斩波电路组合而成。

2）直流斩波电路的变换原理

如图 4-4 所示为直流斩波电路的基本结构及其电压波形。

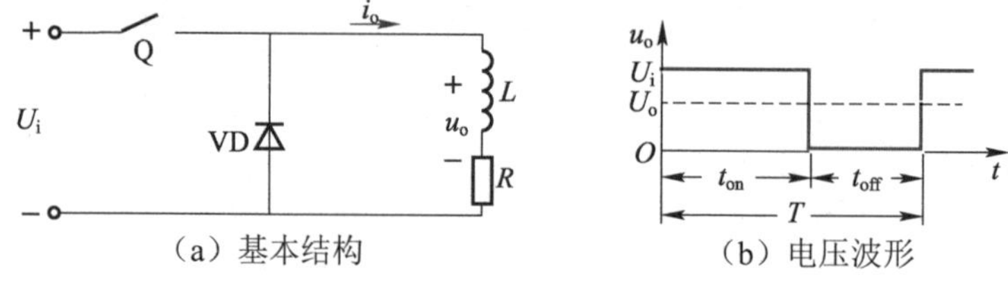

（a）基本结构　　（b）电压波形

图 4-4　直流斩波电路的基本结构及其电压波形

在图 4-4（a）中，Q 表示全控型开关器件，U_i 为直流电源的输入电压。当 Q 开通时，U_i 经 Q 向负载 R、L 供电，此时 L 储存电能；当 Q 关断时，U_i 无法向 R、L 供电，L 释放其储存的电能，并通过 VD 续流，此时 R、L 两端的电压接近于零。若 Q 的开关周期 T 不变，只改变 Q 在每周期内的开通时间 t_{on}，则直流斩波电路输出电压的脉冲宽度将会发生

相应改变，从而改变输出电压的平均值。由图 4-4（b）可知，该电路的输出电压为

$$U_o = \frac{1}{T}\int_0^{t_{on}} U_i \mathrm{d}t = \frac{t_{on}}{T} U_i = DU_i \tag{4-1}$$

其中，$T = t_{on} + t_{off}$，t_{off} 为 Q 的关断时间；占空比 $D = t_{on}/T$，表示 Q 的开通时间与开关周期之比。由式（4-1）可知，改变 D 的大小即可改变 U_o 的大小。

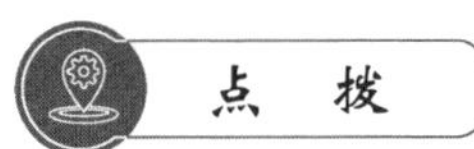

D 的大小可通过不同的调制方式来改变，直流斩波电路的调制方式主要有以下三种。

（1）脉冲宽度调制方式：调制时 T 不变，通过改变 t_{on} 的大小来改变 D。采用这种调制方式的直流斩波电路，输出电压波形的周期或频率不变，因此输出谐波分量的频率也固定不变，滤波器的设计较容易。

（2）脉冲频率调制方式：调制时 t_{on} 不变，通过改变 T 的大小来改变 D。采用这种调制方式的直流斩波电路，输出电压波形的周期或频率是变化的，因此输出谐波分量的频率也是变化的，滤波器的设计较困难。

（3）调频调宽混合调制方式：调制时通过同时改变 t_{on} 和 T 的大小来改变 D。采用这种调制方式的直流斩波电路，能增大输出电压的可调范围，但控制电路较复杂，滤波器的设计较困难。

2. 间接直流变流电路的分类和变换原理

间接直流变流电路在直流斩波电路的基础上增加了交流环节，它将输入的直流电变换为交流电后，再将交流电变换为直流电，其输入部分与输出部分之间存在电气隔离。

1）间接直流变流电路的分类

间接直流变流电路可分为单端直流变流电路和双端直流变流电路两种。其中，单端直流变流电路可分为正激电路和反激电路两种，双端直流变流电路可分为半桥电路、全桥电路等。

2）间接直流变流电路的变换原理

如图 4-5 所示为间接直流变流电路的变换原理。与直流斩波电路相比，该电路因含有变压器而增加了交流环节，从而实现了电气隔离。间接直流变流电路先将输入的直流电逆变为交流电，然后由变压器将交流电升压或降压，最后对升压或降压后的交流电进行整流和滤波，从而使其变换为直流电供负载使用。

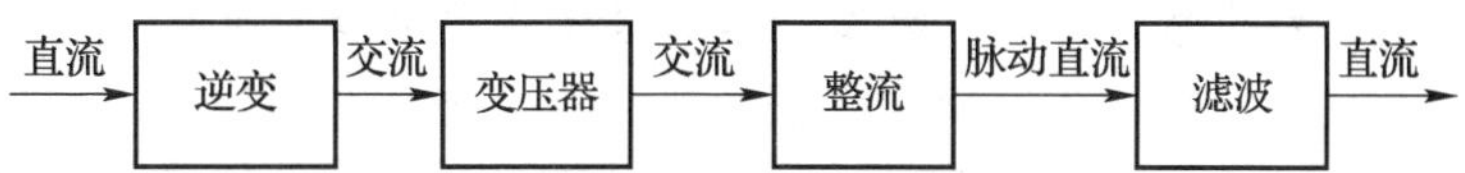

图 4-5　间接直流变流电路的变换原理

间接直流变流电路的结构较为复杂，工作流程较烦琐，但采用该电路进行直流变换具有以下优势。

（1）输入端与输出端之间存在电气隔离，电路的抗干扰能力较强，安全性较高。

（2）变压器的二次侧可有多个绕组，同时输出相互隔离的多路直流电较为容易。

（3）变压器的变比可远小于 1 或远大于 1，因此更容易实现大范围的升压或降压。

（4）交流环节可采用较高的工作频率，从而减小变压器、滤波电感、滤波电容的体积和质量。

砥节砺行

在直流斩波电路中，改变开关器件的占空比可使电路实现升压或降压，从而满足电路负载的使用需要。而我们在学习与生活中所面临的压力亦是如此，我们只有树立清晰的人生目标和坚定的人生理想，以目标为指引，将各种压力变成源源不断的前行动力，才能在人生路上快速前行，实现自己的人生价值。

4.1.2 降压斩波电路

1．工作原理

降压斩波电路如图 4-1（a）所示。其中，电路输出端的 L、C 组成低通滤波电路，只要滤波电容 C 足够大，就可保证输出电压波形的平直和恒定。

点　拨

根据电感电流是否连续，直流斩波电路的工作模式可分为电流连续、电流断续和电流临界三种。在实际应用中，直流斩波电路通常工作在电流连续模式，因此下面主要对直流斩波电路工作在电流连续模式下的变换原理进行介绍。如无特别说明，本书所提到的直流斩波电路的工作状态均是指直流斩波电路工作在电流连续模式下的工作状态。

如图 4-6 所示为降压斩波电路在两种工作状态下的等效电路，如图 4-7 所示为降压斩波电路的工作波形。

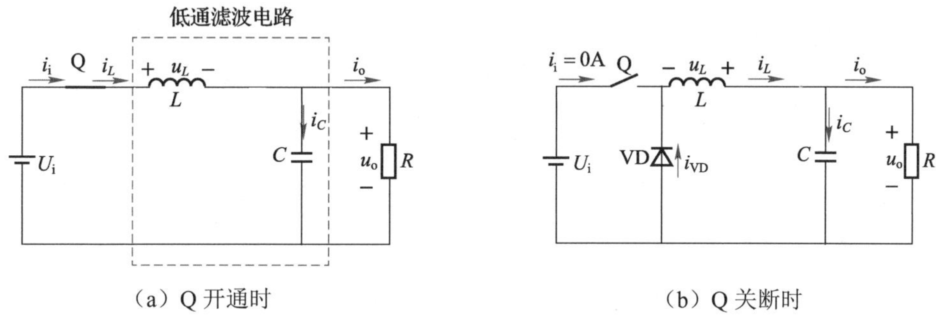

图 4-6　降压斩波电路在两种工作状态下的等效电路

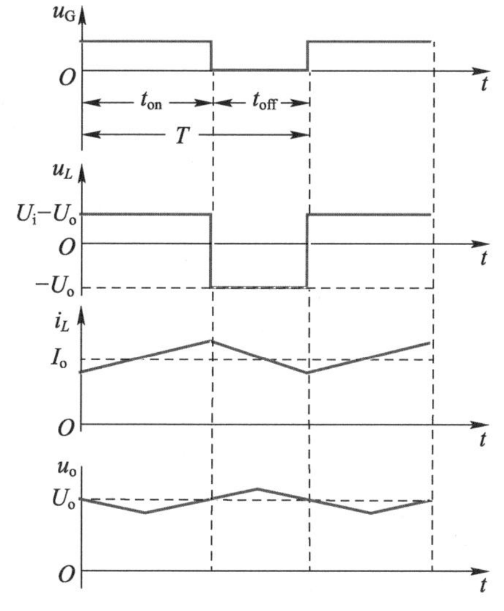

图 4-7　降压斩波电路的工作波形

（1）在 Q 开通时，降压斩波电路的等效电路如图 4-6（a）所示。其中，VD（图中未画出）截止，U_i 通过 L 向 R 供电，C 处于充电状态。此时，L 储存电能，通过 L 的电流 i_L 不断增大，直至 $i_L = i_i$；L 两端电压 u_L 的幅值为 U_L，R 两端电压 u_o 的幅值为 U_o，此时 $U_L = U_i - U_o$。

（2）在 Q 关断时，降压斩波电路的等效电路如图 4-6（b）所示。其中，L 释放电能，L 中产生的感应电动势（左负右正）使 VD 开通，i_L 通过 VD 续流，$U_L = -U_o$。此时，在 C 的作用下，u_L 恒定，i_L 逐渐减小，u_o 仍然是上正下负。当 $i_L < i_o$ 时，C 处于放电状态，以维持 i_o 和 u_o 不变。

在下个周期，降压斩波电路将重复上述工作过程。在上述分析中，假设 C 足够大，则图 4-7 中 u_o 的波形可认为是平直的。此外，由于电容电流 i_C 的平均值为零，因此 $I_o = I_L$。

2．基本参数

通过上述分析，可发现降压斩波电路u_L的波形是周期性变化的，且在一个开关周期内的净变化量为零，因此有

$$\int_0^T u_L \mathrm{d}t = \int_0^{t_{\mathrm{on}}} u_L \mathrm{d}t + \int_{t_{\mathrm{on}}}^T u_L \mathrm{d}t = 0 \tag{4-2}$$

将不同工作状态下的u_L代入式（4-2）中，可得U_{o}与U_{i}之间的关系为

$$(U_{\mathrm{i}} - U_{\mathrm{o}})t_{\mathrm{on}} = U_{\mathrm{o}}(T - t_{\mathrm{on}}) \tag{4-3}$$

输出电压为

$$U_{\mathrm{o}} = \frac{t_{\mathrm{on}}}{T} U_{\mathrm{i}} = DU_{\mathrm{i}} \tag{4-4}$$

输出电流为

$$I_{\mathrm{o}} = \frac{U_{\mathrm{o}}}{R} = \frac{DU_{\mathrm{i}}}{R} \tag{4-5}$$

在通常情况下，由于$t_{\mathrm{on}} \leqslant T$，$0 \leqslant D \leqslant 1$，因此$U_{\mathrm{o}} \leqslant U_{\mathrm{i}}$，该电路可实现降压。若忽略电路损耗，且电路的输入功率与输出功率相等，则该电路中输入电流I_{i}与输出电流I_{o}之间的关系为

$$\frac{I_{\mathrm{o}}}{I_{\mathrm{i}}} = \frac{U_{\mathrm{o}}}{U_{\mathrm{i}}} = \frac{1}{D} \tag{4-6}$$

降压斩波电路的特点是输出电压小于输入电压，而输出电流大于输入电流，因此它适用于直流稳压电源的降压、直流电机的调速等场合。

【例 4-1】 如图 4-8 所示为带蓄电池负载的降压斩波电路。其中，$U_{\mathrm{i}} = 200\ \mathrm{V}$，$L$的值极大，蓄电池的电压$E_{\mathrm{M}} = 36\ \mathrm{V}$，蓄电池内阻$R = 0.5\ \Omega$，$T = 100\ \mu\mathrm{s}$，$t_{\mathrm{on}} = 20\ \mu\mathrm{s}$，试求该电路的输出电压$U_{\mathrm{o}}$、输出电流$I_{\mathrm{o}}$和输入电流$I_{\mathrm{i}}$。

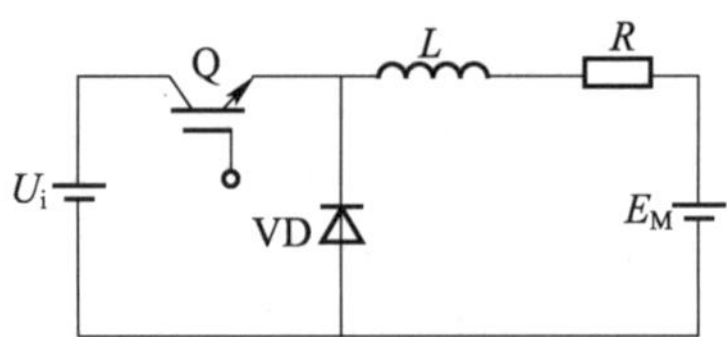

图 4-8　带蓄电池负载的降压斩波电路

【解】 由于L的值极大，因此蓄电池负载电流连续，$D = t_{\mathrm{on}}/T = 0.2$。根据式（4-4）可知，该电路的输出电压为

$$U_{\mathrm{o}} = \frac{t_{\mathrm{on}}}{T} U_{\mathrm{i}} = 40(\mathrm{V})$$

由于该电路输出电压的极性与蓄电池电压的极性相同，因此蓄电池内阻R两端的电压为$(U_{\mathrm{o}} - E_{\mathrm{M}})$。根据式（4-5）可知，该电路的输出电流为

$$I_o = \frac{U_o - E_M}{R} = 8(\text{A})$$

根据式（4-6）可知，该电路的输入电流为

$$I_i = DI_o = \frac{t_{on}}{T} I_o = 1.6(\text{A})$$

4.1.3　升压斩波电路

1．工作原理

如图 4-1（b）所示为升压斩波电路，如图 4-9 所示为升压斩波电路在两种工作状态下的等效电路，如图 4-10 所示为升压斩波电路的工作波形。

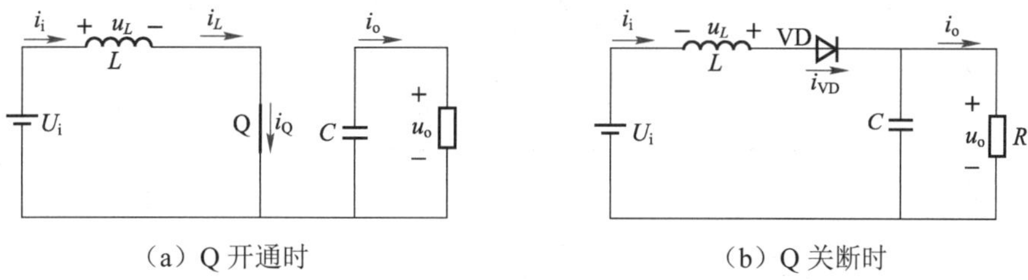

图 4-9　升压斩波电路在两种工作状态下的等效电路

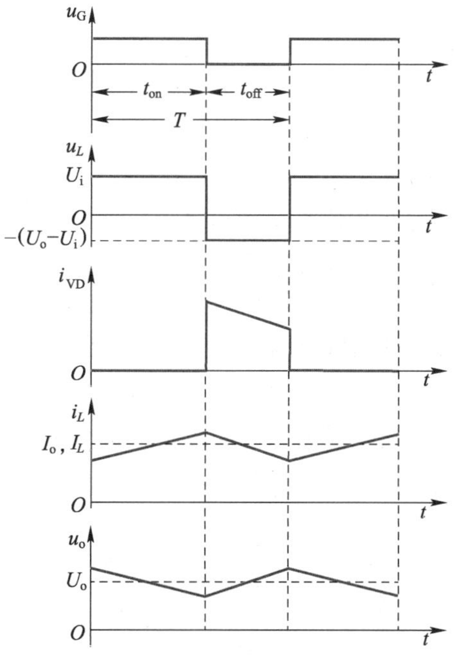

图 4-10　升压斩波电路的工作波形

（1）在 Q 开通时，VD（图中未画出）因承受反向电压而截止，此时升压斩波电路的等效电路如图 4-9（a）所示。其中，U_i 为 L 供电，L 储存电能，$i_L = i_i$，并逐渐增大，U_L 左正右负，$U_L = U_i$；C 处于放电状态，为 R 供电，输出电压恒为 U_o，此时 $U_o = U_C$。

（2）在 Q 关断时，L 释放电能，其产生的感应电动势为左负右正，VD 因承受正向电压而开通，此时升压斩波电路的等效电路如图 4-9（b）所示。其中，U_i 和 L 同时为 C 和 R 供电，$U_o = U_C = U_i + U_L$。

在下个周期，升压斩波电路将重复上述工作过程。

2. 基本参数

升压斩波电路中 U_o 与 U_i 之间的关系为

$$U_o = \frac{T}{t_{off}} U_i = \frac{1}{1-D} U_i \tag{4-7}$$

由于 $0 \leqslant D \leqslant 1$，因此 $U_o \geqslant U_i$，该电路可实现升压。

注　意

当 D 无限接近于 1 时，U_o 趋于无穷大，这会使升压斩波电路损坏，因此在升压斩波电路的实际应用中应避免 D 的值接近于 1。

升压斩波电路的输出电流为

$$I_o = \frac{U_o}{R} = \frac{1}{1-D}\frac{U_i}{R} \tag{4-8}$$

升压斩波电路的输入电流 I_i 与输出电流 I_o 之间的关系为

$$I_i = \frac{U_o}{U_i} I_o = \frac{1}{(1-D)^2}\frac{U_i}{R} \tag{4-9}$$

升压斩波电路的特点是输出电压大于输入电压，而输出电流小于输入电流，因此它适用于直流电机制动时的能量回收、单相功率因数的校正等场合。

【例 4-2】 在图 4-1(b)中，假设 L 和 C 的值极大，$U_i = 100\ \text{V}$，$R = 50\ \Omega$，$T = 50\ \mu\text{s}$，$t_{on} = 30\ \mu\text{s}$，试求该电路的输出电压 U_o 和输出电流 I_o。

【解】由于 L 和 C 的值极大，因此该电路中的电感电流连续，$D = t_{on}/T = 0.6$。根据式（4-7）可知，该电路的输出电压为

$$U_o = \frac{1}{1-D} U_i = 250(\text{V})$$

根据式（4-8）可知，该电路的输出电流为

$$I_o = \frac{U_o}{R} = 5(\text{A})$$

4.1.4　升降压斩波电路

1. 工作原理

如图 4-11 所示为升降压斩波电路。其中，L 与 R 并联，VD 反向串联在 L 与 R 之间。

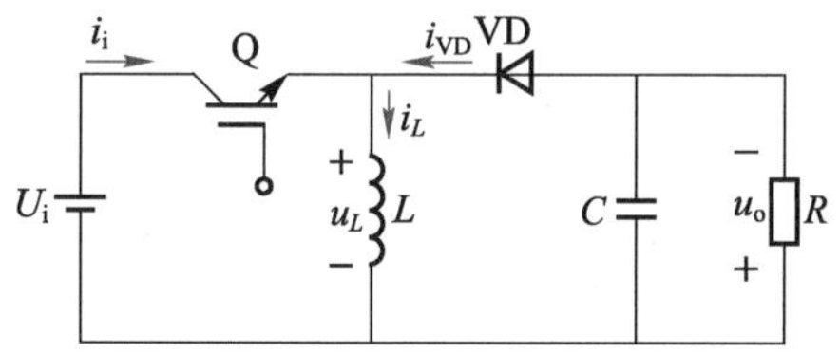

图 4-11　升降压斩波电路

如图 4-12 所示为升降压斩波电路在两种工作状态下的等效电路，如图 4-13 所示为升降压斩波电路的工作波形。

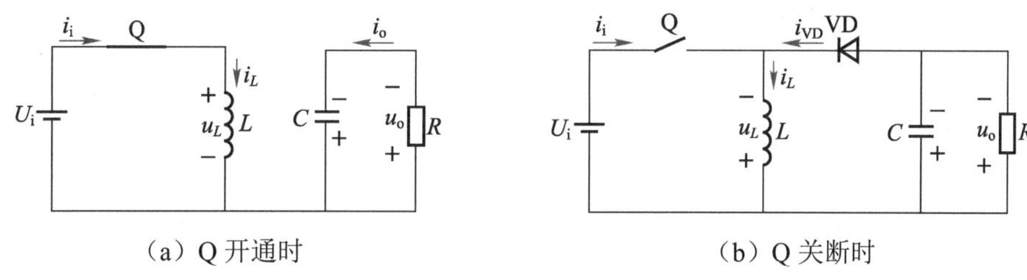

（a）Q 开通时　　（b）Q 关断时

图 4-12　升降压斩波电路在两种工作状态下的等效电路

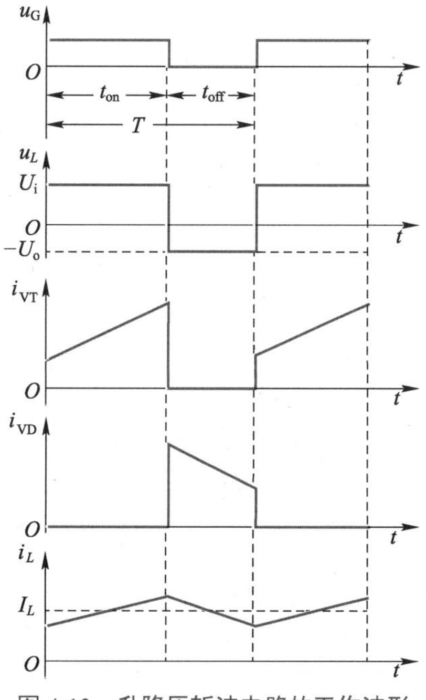

图 4-13　升降压斩波电路的工作波形

（1）在 Q 开通时，VD（图中未画出）因承受反向电压而截止，升降压斩波电路的等效电路如图 4-12（a）所示。其中，U_i 为 L 供电，L 储存电能，$i_L = i_i$，$U_L = U_i$；C 处于放电状态，为 R 供电，可维持 u_o 的基本恒定。此时，u_o 的极性为上负下正，与 U_i 的极性相反。

（2）在 Q 关断时，L 释放储存的电能，其感应电动势为上负下正，使 VD 开通，升降压斩波电路的等效电路如图 4-12（b）所示。其中，L 为 R 和 C 供电，$U_L = -U_o$；C 充电储能，R 也得到了 L 提供的电能，C 与 R 两端电压的极性均为上负下正，与 U_i 的极性相反，因此该电路又称为反极性斩波电路。

2．基本参数

升降压斩波电路中 U_o 与 U_i 之间的关系为

$$U_o = \frac{t_{on}}{t_{off}} U_i = \frac{t_{on}}{T - t_{on}} U_i = \frac{D}{1 - D} U_i \tag{4-10}$$

由（4-10）可知，当 $D \leqslant 0.5$ 时，$U_o \leqslant U_i$，该电路可实现降压；当 $0.5 < D < 1$ 时，$U_o > U_i$，该电路可实现升压。

通过上述分析可知，升降压斩波电路是一种既可升压又可降压的直流变流电路，其输出电压与输入电压的极性相反，因此该电路通常用在反相型开关稳压器中。

4.1.5 库克斩波电路

1．工作原理

如图 4-14 所示为库克斩波电路，其输入端和输出端分别串联了 L_1 和 L_2，能减小输入电流和输出电流的脉动，从而改善电路中的电磁干扰问题。

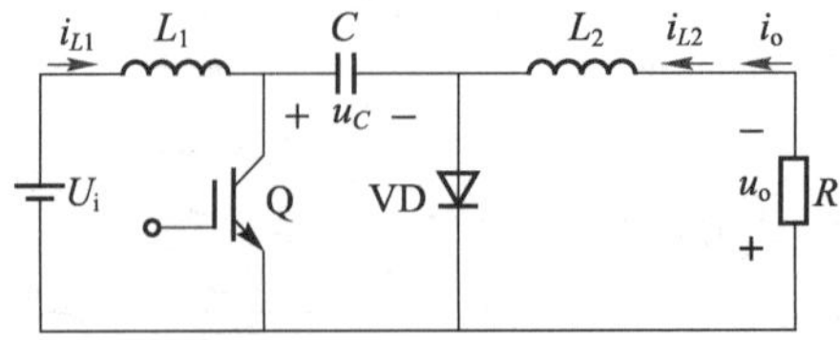

图 4-14　库克斩波电路

如图 4-15 所示为库克斩波电路在两种工作状态下的等效电路，如图 4-16 所示为库克斩波电路的工作波形。

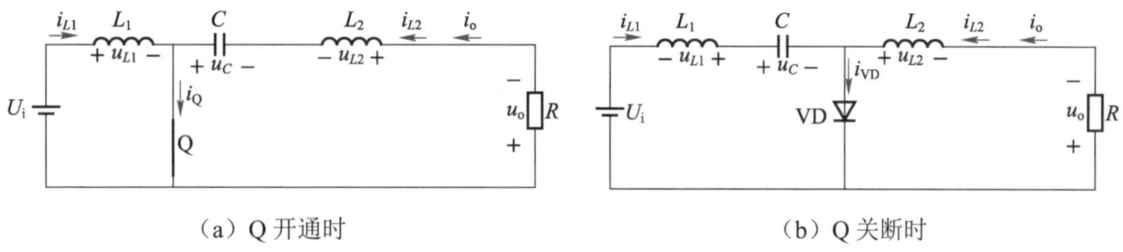

图 4-15　库克斩波电路在两种工作状态下的等效电路

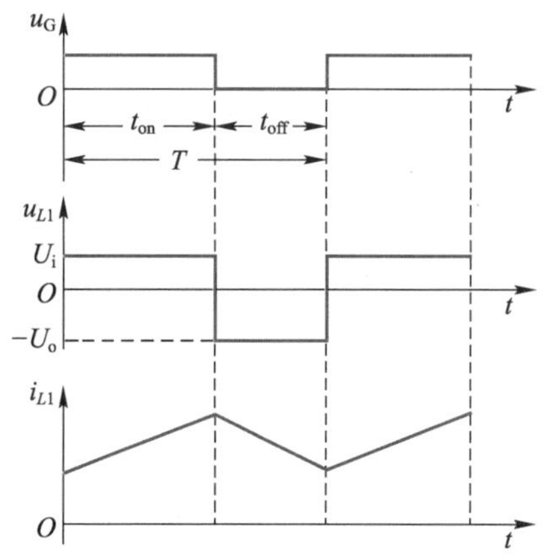

图 4-16　库克斩波电路的工作波形

（1）在 Q 开通时，VD（图中未画出）因 C 上的电压 u_C 而截止，此时库克斩波电路的等效电路如图 4-15（a）所示。其中，U_i 为 L_1 供电，L_1 储存电能，其两端的电压为左正右负；C 通过“$C\to$Q$\to R\to L_2$”回路放电，L_2 储存电能，其两端的电压为左负右正；u_o 的极性为上负下正，与 U_i 的极性相反，$i_Q=i_{L1}+i_{L2}$。

（2）在 Q 关断时，L_1 释放电能，其感应电动势方向为左负右正，VD 在正向电压的作用下开通，此时库克斩波电路的等效电路如图 4-15（b）所示。其中，U_i 和 L_1 共同为 C 充电，u_C 逐渐增大，其极性为左正右负；L_2 释放电能，通过 VD 向 R 供电。此时，u_o 的极性为上负下正，与 U_i 的极性相反，$i_{VD}=i_{L1}+i_{L2}$。

2. 基本参数

在库克斩波电路中，$U_C=U_i+U_o$；Q 开通时，$u_{L1}=u_i$，$u_{L2}=u_C-u_o$；Q 关断时，$u_{L1}=-(u_C-u_i)$，$u_{L2}=u_i$。将 u_{L1} 和 u_{L2} 分别代入式（4-2）中，可得

$$\begin{cases}U_i t_{on}+(U_i-U_C)t_{off}=0\\(U_C-U_o)t_{on}+(-U_o)t_{off}=0\end{cases}\tag{4-11}$$

因此，库克斩波电路中U_o与U_i之间的关系为

$$U_o = \frac{D}{1-D} U_i \tag{4-12}$$

根据式（4-12）可知，库克斩波电路所起到的变流作用与升降压斩波电路相同，因此该电路适用于对输入、输出波形要求高的反相型开关稳压器。

库克斩波电路同样有电流连续、电流断续和电流临界三种工作模式，但其电流连续或断续不再是指电感的电流连续或断续，而是指通过二极管的电流连续或断续。

笔记

任务 4.2 测试间接直流变流电路

任务引入

间接直流变流电路中因含有变压器而能实现输入与输出之间的电气隔离，从而提高了 DC/DC 变换的可靠性和电磁兼容性，满足了用电设备对直流电源的更高要求。将变压器接在直流斩波电路中的不同位置，可得到多种形式的间接直流变流电路。

如图 4-17 所示为正激电路，它是常见的间接直流变流电路之一。请选择合适的工具和器材，连接并测试该电路，分析其基本参数并绘制其工作波形。

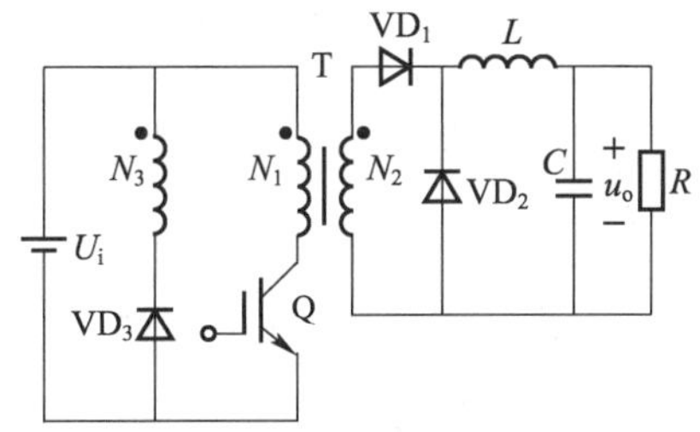

图 4-17 正激电路

本任务的知识与技能要求如表 4-6 所示。

表 4-6 知识与技能要求

	测试间接直流变流电路	学习程度		
		识记	理解	应用
任务内容	正激电路		●	
	反激电路		●	
	半桥电路		●	
	全桥电路		●	
实训任务	测试正激电路			●
自我勉励				

任务工单——测试正激电路

测试正激电路

1．知识准备

在图 4-17 中，N_1 为变压器 T 的一次绕组，N_2 为 T 的二次绕组。在 Q 的一个开关周期内，正激电路的工作情况如下。

（1）当 Q 开通时，U_i 全部施加在 N_1 上，N_2 上将产生上正下负的感应电动势，使 VD_1 开通；二次侧的电流从 N_2 的正端出发，经过 VD_1、L、R，最终回到 N_2 的负端，形成回路。在此期间，L 储存电能。

（2）当 Q 关断时，U_i 无法向 T 输出电能。在此期间，L 释放电能，二次侧的电流从 L 的右端出发，经过 R、VD_2，最终回到 L 的左端，形成回路。

2．工具和器材准备

准备任务实施所需的工具和器材，补全表 4-7。

表 4-7　工具和器材清单

名称	规格	型号	数量	名称	规格	型号	数量
直流稳压电源			1 路	电阻			1 个
PWM 信号发生器			1 个	变压器			1 个
数字万用表			1 台	电容			1 个
IGBT 模块			1 组	电感			1 个
示波器			1 台	导线			若干
二极管			3 个				

3．任务实施

1）连接电路

选择合适的工具和器材，按图 4-17 连接电路。

2）负载特性测试

断开直流稳压电源的开关，在其输入端接入 220 V 的工频交流电，调节 PWM 信号发生器，使占空比 D 为 0.5，然后按以下步骤进行测试。

（1）在电路的输出端接入阻值为 50 Ω 的电阻；打开直流稳压电源的开关，用数字万用表检测输出电压 U_o 的值，将检测结果填入表 4-8 中，并用示波器观察 u_o 的波形。

（2）断开直流稳压电源的开关，将电路输出端阻值为 50 Ω 的电阻替换为阻值为 70 Ω 的电阻。

（3）打开直流稳压电源的开关，用数字万用表检测 U_o 的值，将检测结果填入表 4-8 中，并用示波器观察 u_o 的波形。

（4）分别将电路输出端的电阻替换为阻值为 90 Ω、110 Ω、130 Ω、150 Ω 的电阻并重复步骤（3），用数字万用表分别检测 U_o 在不同 R 下的值，将检测结果填入表 4-8 中，并用示波器观察 u_o 的波形。

表 4-8　负载特性测试数据

R/Ω	50	70	90	110	130	150
U_o/V						

结论：

（1）当 R 逐渐增大时，U_o_________（不变/增大/减小），此时可认为 U_o 与负载电阻_________（无关/正相关/负相关）。

（2）当 R 逐渐增大时，u_o 的变化情况：______________________________。

3）开关特性测试

断开直流稳压电源的开关，在电路的输出端接入阻值为 50 Ω 的电阻，然后按以下步骤进行测试。

（1）将 PWM 信号发生器的触发信号与电路中 Q 的 G 端相连，并将 PWM 信号发生器的接地端与 Q 的 E 端相连。

（2）打开直流稳压电源的开关，调节 PWM 信号发生器，分别令 D 为 0.2、0.3、0.4，用数字万用表分别检测 U_o 在不同 D 下的值，将检测结果记录在表 4-9 中，并用示波器分别观察 u_o 在不同 D 下的波形。

表 4-9　开关特性测试数据

D	0.2	0.3	0.4
U_o/V			

（3）操作结束后，关闭电源，拆除电路，并按要求整理实验台。

结论：

（1）当 D 逐渐增大时，U_o_________（不变/增大/减小）。

（2）当 D 逐渐增大时，u_o 的变化情况：______________________________。

请查阅有关资料，了解在图 4-17 所示的正激电路中，N_3 和 VD_3 的作用。

4．任务评价

请指导教师按照学生的实际表现情况进行评分，并将评分结果填入表4-10中。

表4-10 考核评价表

评价项目	评价标准	满分/分	实际得分/分	指导教师评语
技能操作	能正确连接正激电路	20		
	能正确测试、分析正激电路的负载特性	25		
	能正确测试、分析正激电路的开关特性	25		
	测试完毕后能正确拆除电路，整理器材并归位	10		
参与程度	认真参加活动，积极思考，主动与同学、指导教师进行交流，善于发现和解决问题	10		
合作意识	积极参与探讨，勇于接受任务，敢于承担责任，团结协作，组织和协调能力强	10		
总分		100		

4.2.1 单端直流变流电路

1．正激电路

1）工作原理

在降压斩波电路的Q和VD之间接入T，便可得到如图4-17所示的正激电路。其中，VD_1、VD_2为高频二极管。由于N_1与Q串联，因此N_1中通过的是单向脉动直流电。为防止T因直流磁化而出现铁芯磁饱和的现象，T中增加了N_3和VD_3，用于将T的励磁电流归零。

如图4-18所示为正激电路在两种工作状态下的等效电路，如图4-19所示为正激电路的工作波形。

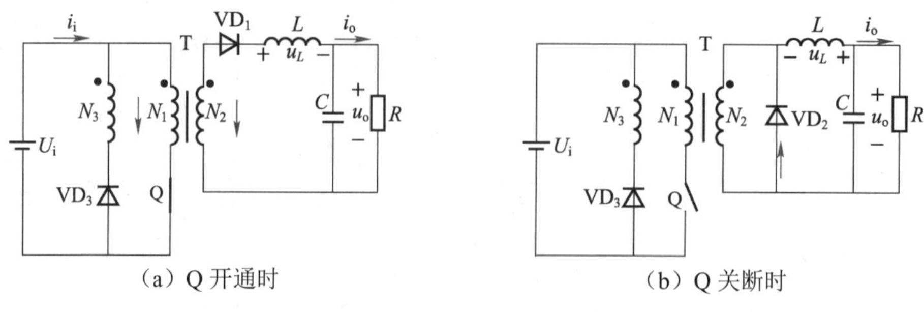

（a）Q开通时　　（b）Q关断时

图4-18 正激电路在两种工作状态下的等效电路

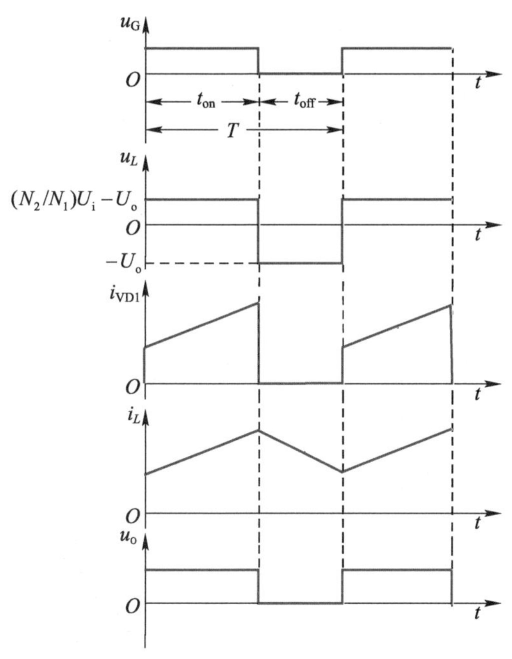

图 4-19　正激电路的工作波形

（1）在 Q 开通时，正激电路的等效电路如图 4-18（a）所示。其中，N_1两端的电压为上正下负，与其耦合的N_2两端的电压也为上正下负。此时，VD_1开通，VD_2（图中未画出）截止，二次侧的电流沿“$N_2 \to VD_1 \to L \to R$”回路流动，电源向负载提供电能；同时L储存电能，u_L为左正右负，$U_L=(N_2/N_1)U_i-U_o$。

（2）在 Q 关断时，正激电路的等效电路如图 4-18（b）所示。其中，N_2内无电流通过，VD_1（图中未画出）截止，L释放电能，u_L为左负右正，因此反并联的VD_2开通以用于续流。此时，二次侧的电流沿“$VD_2 \to L \to R$”回路流动，$U_L=-U_o$。

2）基本参数

正激电路基本参数的计算方式与降压斩波电路相似，只需将一个周期内不同工作状态下的u_L代入式（4-2）即可得到U_o和U_i之间的关系式，即

$$\left(\frac{N_2}{N_1}U_i-U_o\right)t_{on}=U_o t_{off} \tag{4-13}$$

因此，正激电路的输出电压为

$$U_o=\frac{N_2}{N_1}\frac{t_{on}}{T}U_i=\frac{N_2}{N_1}DU_i \tag{4-14}$$

正激电路的优点是结构简单、成本较低、可靠性高、驱动电路简单，因此适用于中、小功率的电源电路。但正激电路的变压器只能进行单向励磁，磁芯的利用率较低。

正激电路的U_o与N_2/N_1、D和U_i有关。根据正激电路中变压器自身的特性，D一般不能超过0.5。

2. 反激电路

1）工作原理

如图4-20所示为反激电路，它在升降压斩波电路的基础上用变压器代替了其中的L。如图4-21所示为反激电路在两种工作状态下的等效电路。

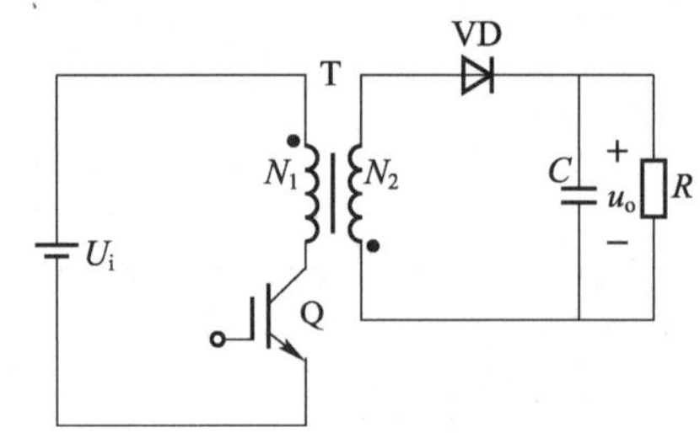

图4-20 反激电路

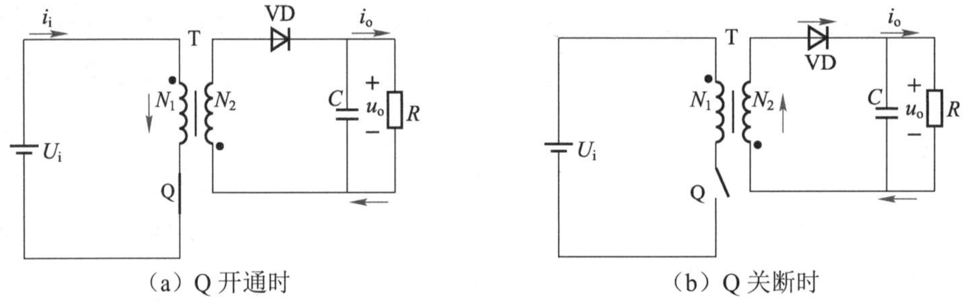

图4-21 反激电路在两种工作状态下的等效电路

（1）在Q开通时，反激电路的等效电路如图4-21（a）所示。其中，VD因承受反向电压而截止，N_2相当于开路，N_1相当于一个电感；U_i的电能全部施加在N_1上，N_1储存电能，N_1两端的电压为U_i。此时，C释放电能，为R供电。

（2）在Q关断时，反激电路的等效电路如图4-21（b）所示。其中，由于N_1中储存的电能不能突变，因此N_2上产生上正下负的感应电动势，使VD开通。此时，N_2为C充电的同时向R供电，N_1两端的电压为$(N_1/N_2)U_o$。

2）基本参数

由于反激电路中N_1相当于一个电感，因此只需将一个开关周期内不同工作状态下N_1两端的电压值代入式（4-2），即可得到U_o和U_i之间的关系，即

$$U_o = \frac{N_2}{N_1}\frac{t_{on}}{t_{off}}U_i = \frac{N_2}{N_1}\frac{D}{1-D}U_i \tag{4-15}$$

反激电路的优点是结构简单、成本较低、可靠性较高、无需对励磁电流进行归零，因此适用于小功率电子设备的电源电路。但反激电路的变压器只能进行单向励磁，磁芯利用率较低，电路难以输出较大的功率。

【例 4-3】 在如图 4-20 所示的反激电路中，假设 C 足够大，$U_i = 150\ \text{V}$，$N_1 : N_2 = 2 : 1$。当 $T = 40\ \mu\text{s}$、$t_{on} = 10\ \mu\text{s}$ 时，试求该电路的输出电压 U_o。

【解】由于 C 足够大，因此该电路中的电流连续，$D = t_{on}/T = 0.25$。

根据式（4-15）可知，该电路的输出电压为

$$U_o = \frac{N_2}{N_1}\frac{D}{1-D}U_i = 25(\text{V})$$

笔记

4.2.2　双端直流变流电路

双端直流变流电路的变压器中通过的是正、负对称的交流电，变压器的铁芯体积是单端直流变流电路中变压器的一半，磁性材料利用率高，且不存在励磁电流归零的问题，因此双端直流变流电路常应用于大功率电源。下面分别对半桥电路和全桥电路这两种双端直流变流电路的工作原理和基本参数进行介绍。

1．半桥电路

1）工作原理

如图 4-22 所示为半桥电路及其工作波形。在图 4-22（a）中，N_1 的一端与 C_1、C_2 的中点相连，另一端与 Q_1、Q_2 的中点相连，C_1、C_2 两端的输入电压均为 $U_i/2$。

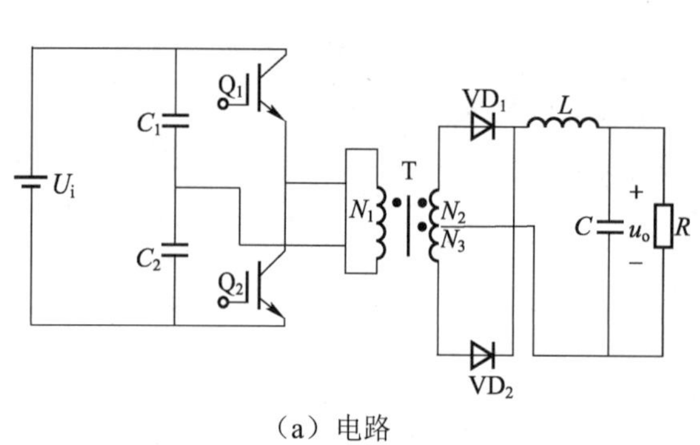

（a）电路

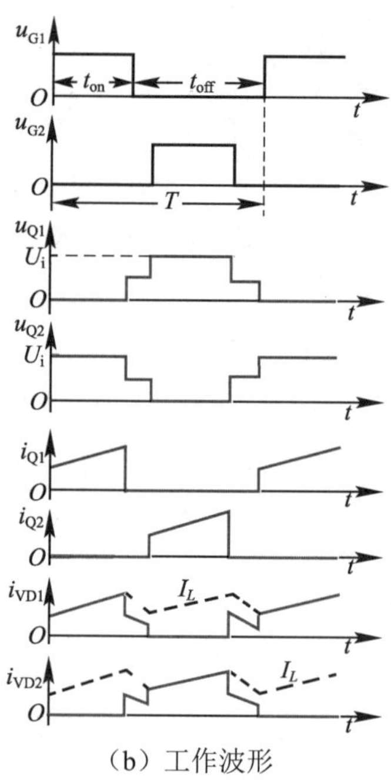

（b）工作波形

图 4-22　半桥电路及其工作波形

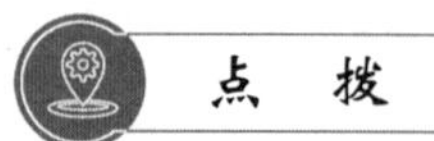

点　拨

在半桥电路的换相过程中，为避免Q_1、Q_2同时开通而导致电路短路，Q_1、Q_2的触发信号应互补，且各自的D应在留有一定裕量的前提下不超过 0.5。

（1）当Q_1开通、Q_2关断时，VD_1开通、VD_2关断，C_1上储存的电能和U_i的电能经N_1传递到N_2上，二次侧的电流沿“$N_2 \rightarrow VD_1 \rightarrow L \rightarrow R$”回路流动。此时，$L$储存电能，$i_L$逐渐增大。

（2）当Q_1关断、Q_2开通时，VD_1关断、VD_2开通，C_2上储存的电能和U_i的电能经N_1传递到N_3上，二次侧的电流沿“$N_3 \rightarrow VD_2 \rightarrow L \rightarrow R$”回路流动。此时，$L$储存电能，$i_L$逐渐增大。

（3）当Q_1、Q_2同时关断时，N_1中的电流为零，L开始释放电能，VD_1、VD_2均开通；i_L有两条流动路径：① i_L沿“$L \rightarrow R \rightarrow N_3 \rightarrow VD_2$”回路流动；② i_L沿“$L \rightarrow R \rightarrow N_2 \rightarrow VD_1$”回路流动。$N_2$、$N_3$中的电流大小相等、方向相反，且通过它们的电流大小均为$i_L/2$。而Q_1、Q_2在关断时，N_2、N_3所承受的峰值电压均为U_i。

T的二次侧电压经VD_1和VD_2整流、LC滤波后即可变换为直流输出电压。通过交替控制Q_1和Q_2的开通和关断来控制D的大小，即可控制输出电压的大小。

2）基本参数

半桥电路的电感电流连续时，其U_o与U_i的关系为

$$U_o = \frac{N_2}{N_1}\frac{t_{on}}{T}U_i = \frac{N_2}{N_1}DU_i \tag{4-16}$$

半桥电路的优点是开关器件少、成本较低、变压器可进行双向励磁，因此适用于各种工业电源电路。但半桥电路可靠性较低，隔离驱动电路较为复杂。

2．全桥电路

1）工作原理

如图 4-23 所示为全桥电路及其工作波形。其中，变压器的一次侧电路中接有四个开关器件Q_1、Q_2、Q_3、Q_4，Q_1与Q_4、Q_2与Q_3各组成一组桥臂，两组桥臂上开关器件的触发信号互补；变压器的二次侧回路中接有VD_5、VD_6两个二极管。

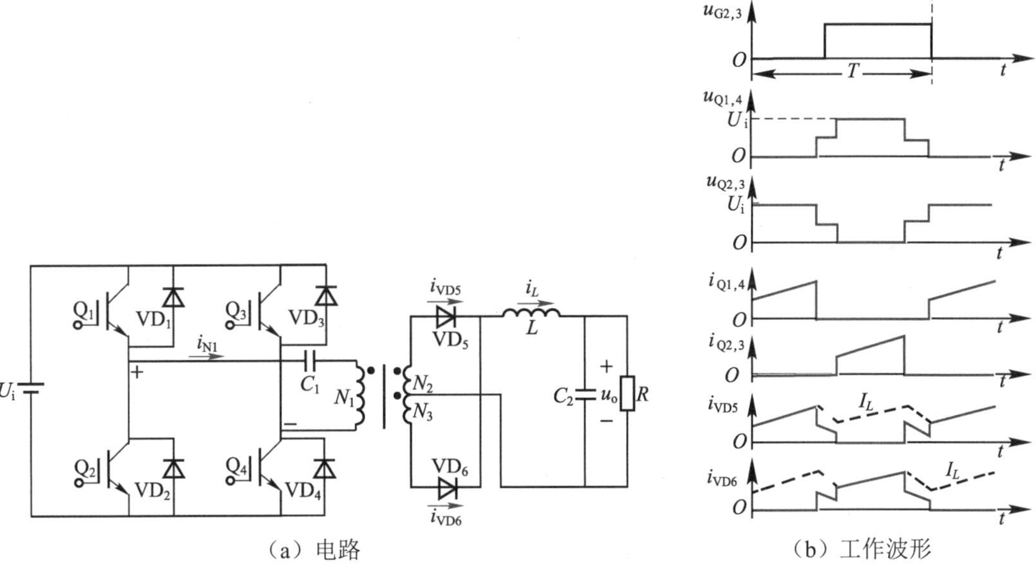

（a）电路　　（b）工作波形

图 4-23　全桥电路及其工作波形

（1）当Q_1、Q_4开通时，VD_5开通，二次侧回路中的电流沿“$N_2 \rightarrow VD_5 \rightarrow L \rightarrow R$”回路流动；$L$储存电能，$i_L$逐渐增大。

（2）当Q_2、Q_3开通时，VD_6开通，二次侧回路中的电流沿“$N_3 \rightarrow VD_6 \rightarrow L \rightarrow R$”回路流动；$L$储存电能，$i_L$依旧逐渐增大。

（3）当Q_1、Q_2、Q_3和Q_4均关断时，N_1中的电流为零，L开始释放电能，VD_5和VD_6均开通以用于续流，i_L逐渐减小，此时每个开关器件在关断时所承受的峰值电压均为U_i。

点　拨

由于全桥电路中两组桥臂上开关器件的开通时间不对称，会在变压器的一次侧电流中产生很大的直流分量，并可能造成磁芯饱和，因此全桥电路的一次侧回路中需要并联一个电容以阻断直流分量。

2）基本参数

当全桥电路的电感电流连续时，其U_o与U_i之间的关系为

$$U_o = 2\frac{N_2}{N_1}\frac{t_{on}}{T}U_i = 2\frac{N_2}{N_1}DU_i \tag{4-17}$$

全桥电路的优点是其变压器可进行双向励磁、容易实现大功率输出，因此适用于大功率工业电源，如焊接电源、电解电源等。但全桥电路的结构复杂，成本较高，且可靠性较低，隔离驱动电路比较复杂。

笔记

综合测试

1．填空题

（1）直流变流电路中开关器件的开通时间与开关周期之比定义为__________，用__________表示。

（2）根据电路结构和功能的不同，直流斩波电路可分为__________、__________、__________和__________。

（3）间接直流变流电路可分为________________和________________两类。

（4）直流斩波电路的调制方式主要分为__________调制方式、__________调制方式和__________调制方式三种。

（5）根据电路中的电感电流是否连续，直流斩波电路有__________、__________和__________三种工作模式。

（6）降压斩波电路的特点是输出电压__________输入电压，而输出电流__________输入电流。

（7）升压斩波电路的特点是输出电压__________输入电压，而输出电流__________输入电流。

（8）升降压斩波电路是一种既可__________又可__________的直流变流电路，其输出电压与输入电压的极性__________。

（9）库克斩波电路所起到的变流作用与__________电路相同。

（10）与直流斩波电路相比，间接直流变流电路增加了__________环节。

2．判断题

（1）在直流斩波电路中，改变开关器件占空比的大小可改变输出电压的大小。（　　）

（2）当 D 无限接近于 1 时，U_o 趋近于无穷大，容易造成升压斩波电路损坏，因此应避免 D 的值接近 1。（　　）

（3）与正激电路相比，反激电路变压器二次侧电路中不含电感，储能工作由变压器完成。（　　）

（4）半桥电路可靠性较高，不需要复杂的隔离驱动电路。（　　）

（5）正激电路的变压器能进行双向励磁，磁芯的利用率较高。（　　）

（6）反激电路的变压器只能进行单向励磁，磁芯利用率较低。（　　）

（7）正激电路的输出电压与变压器变比 N_2/N_1、占空比 D 和输入电压有关。（　　）

（8）全桥电路的优点是其变压器可进行双向励磁，容易实现大功率输出。（　　）

（9）全桥电路的变压器一次侧电路中接有四个开关器件。（　　）

3．综合题

（1）在图 4-8 所示的带蓄电池负载的降压斩波电路中，已知 $U_i = 200\ \text{V}$，$R = 10\ \Omega$，L 的值极大，$E_M = 30\ \text{V}$。当 $T = 50\ \mu\text{A}$、$t_{on} = 20\ \mu\text{A}$ 时，试求电路的输出电压 U_o 与输出电流 I_o。

（2）在图 4-1（b）所示的升压斩波电路中，已知 $U_i = 50\ \text{V}$，$R = 20\ \Omega$，L 和 C 的值都很大。当 $T = 40\ \mu\text{A}$、$t_{on} = 20\ \mu\text{A}$ 时，试求电路的输出电压 U_o 与输出电流 I_o。

学习成果评价

指导教师对学生的实际学习成果进行评价，学生配合指导教师共同完成表 4-11。

表 4-11　学习成果评价

班级		组号		日期	
姓名		学号		指导教师	
学习成果名称	直流变流电路				
评价项目	评价内容	评价方式	满分/分	评分/分	
知识（40%）	直流变流电路的分类和变换原理	理论测试	4		
	降压斩波电路		6		
	升压斩波电路		6		
	升降压斩波电路		6		
	库克斩波电路		4		
	单端直流变流电路		7		
	双端直流变流电路		7		
技能（40%）	测试基本直流斩波电路	实践操作	20		
	测试正激电路		20		
素养（20%）	积极参加教学活动，主动学习、思考、讨论	综合评判	6		
	认真负责，按时完成学习、实践任务		4		
	团结协作，与同学之间密切配合		4		
	服从指挥，遵守课堂和实训室纪律		4		
	守正创新，自信自强		2		
合计			100		
自我评价					
教师评价					

项目5 交流变流电路

项目导读

将一种形式的交流电变换为另一种形式交流电的电路，称为交流变流电路（又称 AC/AC 变流电路）。在实际应用中，有许多需要通过交流变流电路对交流电的电压、电流、频率、相位等参数进行调节的场合。例如，某些工业光源的亮度，需要通过交流变流电路调节输入交流电的电压来实现控制；某些电动机的转速，需要通过交流变流电路调节输入交流电的频率来实现控制；等等。

本项目主要介绍交流变流电路的分类及特点，以及典型的交流调压电路和变频电路的工作原理、基本参数和应用。

知识目标

- 了解交流变流电路的分类及特点。
- 掌握单相交流调压电路的工作原理和基本参数。
- 掌握三相交流调压电路的连接方式和工作原理。
- 掌握交-交变频电路的工作原理和应用。
- 了解交-直-交变频电路的分类及特点。
- 掌握单相交-直-交变频电路的工作原理。

技能目标

- 能测试带负载的单相交流调压电路。
- 能测试单相交-直-交变频电路。

素质目标

- 保持积极向上的乐观心态，弘扬正能量。

任务 5.1 测试交流调压电路

任务引入

在日常生活中，采用电力电子器件构成的交流调压电路不仅能实现电压的连续调节，而且具有控制灵活、装置体积小、质量轻等特点。如图 5-1 所示为台灯的调光电路，它通过调节 R_p 来控制 C 充电的速度，从而控制双向晶闸管 VT 的导通角，进而改变白炽灯两端电压的有效值，实现对白炽灯亮度的调节。

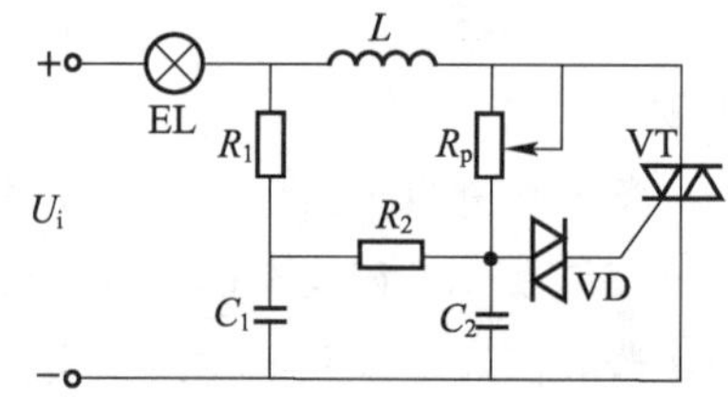

图 5-1 台灯的调光电路

单相交流调压电路是最基础的交流调压电路，其他交流调压电路都是在其基础上演化而成的。请选择合适的工具和器材，连接并测试单相交流调压电路，分析其基本参数并绘制其工作波形。

本任务的知识与技能要求如表 5-1 所示。

表 5-1 知识与技能要求

任务内容	测试交流调压电路	学习程度		
		识记	理解	应用
学习任务	交流变流电路的分类及特点	●		
	带电阻负载的单相交流调压电路		●	
	带阻感负载的单相交流调压电路		●	
	三相交流调压电路		●	
实训任务	测试单相交流调压电路			●
自我勉励				

任务工单——测试单相交流调压电路

1．知识准备

如图 5-2 所示为单相交流调压电路，它采用两个反并联的晶闸管（也可采用一个双向晶闸管）作为开关器件，通过对输入交流电正、负半周开通时间的控制，来调节输出交流电电压的有效值 U_o。

测试单相交流调压电路

单相交流调压电路的工作情况与所带负载的性质有关：带电阻负载的单相交流调压电路的 U_o 与触发脉冲的 α 有关；带阻感负载的单相交流调压电路的 U_o 与负载的阻抗角 φ 有关，而 φ 与负载电阻的阻抗有关，其计算公式为 $\varphi = \arctan(\omega L/R)$。

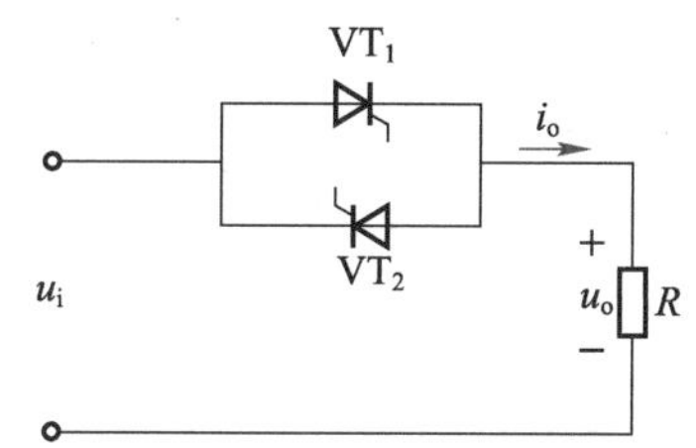

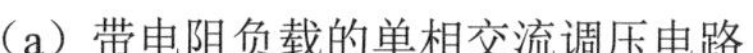

（a）带电阻负载的单相交流调压电路

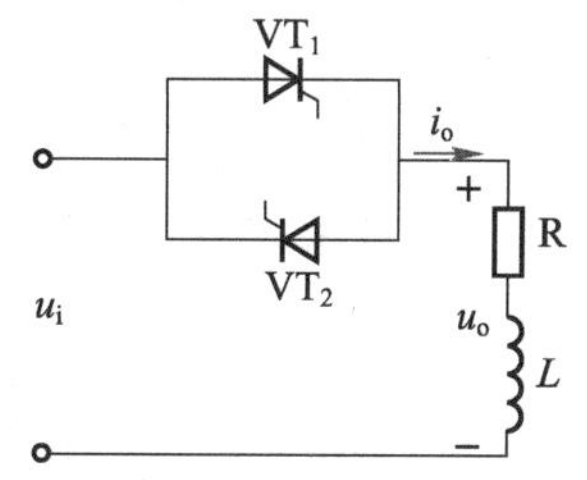

（b）带阻感负载的单相交流调压电路

图 5-2　单相交流调压电路

2．工具和器材准备

准备任务实施所需的工具和器材，补全表 5-2。

表 5-2　工具和器材清单

名称	规格	型号	数量	名称	规格	型号	数量
单相交流电源			1 路	示波器			1 台
单相交流调压触发模块			1 个	电感			1 个
晶闸管			2 个	导线			若干
数字万用表			1 台				
可调电阻器			1 个				

3．任务实施

1）连接电路

选择合适的工具和器材，按图 5-3（a）连接电路。将单相交流调压触发模块的 G_1 端与

VT_1 的门极相连，K_1 端与 VT_1 的阴极相连；G_2 端与 VT_2 的门极相连，K_2 端与 VT_2 的阴极相连。

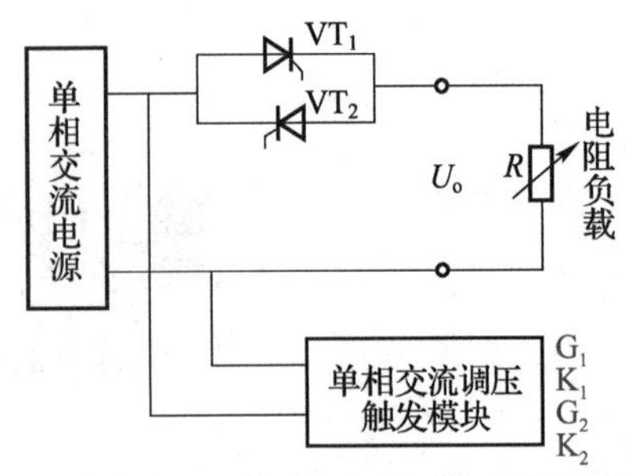

（a）带电阻负载的单相交流调压电路的测试电路

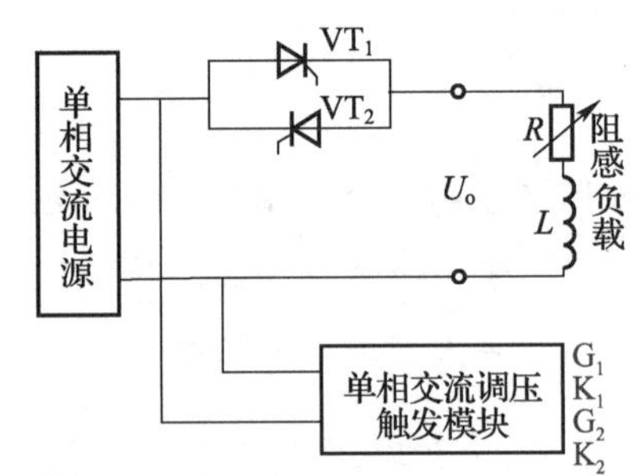

（b）带阻感负载的单相交流调压电路的测试电路

图 5-3　单相交流调压电路的测试电路

2）测试带电阻负载的单相交流调压电路

断开单相交流电源的开关，在其输入端接入 220 V 的工频交流电，将其输出端接入图 5-3（a）所示的主电路，然后按以下步骤进行测试。

（1）将 R 调至最大阻值处，闭合单相交流电源的开关。

（2）调节单相交流调压触发模块，令 $\alpha=0$，用示波器采集 u_o 的波形，同时用数字万用表检测输出电压的有效值 U_o，将检测结果填入表 5-3 中。

（3）令 $\alpha=\frac{\pi}{6}$，用示波器采集 u_o 的波形，同时用数字万用表检测 U_o 的值，将检测结果填入表 5-3 中。

（4）重复上述操作，分别令 α 为 $\frac{\pi}{3}$、$\frac{\pi}{2}$、$\frac{2\pi}{3}$、π，用示波器采集 u_o 在不同 α 下的波形，同时用数字万用表检测 U_o 在不同 α 下的值，将检测结果填入表 5-3 中。

（5）操作结束后，关闭电源，拆除电路，按要求整理实验台。

表 5-3　带电阻负载的单相交流调压电路的测试数据

α	0	$\frac{\pi}{6}$	$\frac{\pi}{3}$	$\frac{\pi}{2}$	$\frac{2\pi}{3}$	π
U_o/V						

结论：

（1）VT_1 在单相交流电源电压波形的________（正/负）半周开通，VT_2 在单相交流电源电压波形的________（正/负）半周开通，u_o 的波形为________（规则/不规则）的正弦波。

（2）当 $\alpha=0$ 时，$U_o=$________；当 $\alpha=\pi$ 时，$U_o=$________。随着 α 的增大，U_o 逐渐________（增大/减小），而 α 的移相范围为________________。

3）测试带阻感负载的单相交流调压电路

断开单相交流电源的开关，将电路输出端的电阻负载替换为 L 与 R 串联的阻感负载，如图 5-3（b）所示，然后按以下步骤进行测试。

（1）调节 R 的阻值（负载电流应不大于 1 A），使阻抗角固定为 φ，闭合单相交流电源的开关。

（2）调节单相交流调压触发模块，令 $\alpha<\varphi$，用示波器分别采集 u_o 和 i_o 的波形，同时用数字万用表检测 U_o 的值，将检测结果填入表 5-4 中。

（3）重复上述操作，分别令 $\alpha=\varphi$、$\alpha>\varphi$，用示波器分别采集 u_o 和 i_o 在不同 α 下的波形，同时用数字万用表检测 U_o 在不同 α 下的值，将检测结果填入表 5-4 中。

（4）操作结束后，关闭电源，拆除电路，按要求整理实验台。

表 5-4　带阻感负载的单相交流调压电路的测试数据

α	$\alpha<\varphi$	$\alpha=\varphi$	$\alpha>\varphi$
U_o/V			

结论：

（1）随着 α 的增大，U_o________（增大/减小/不变）。

（2）当 $\alpha=\varphi$ 时，i_o 的波形________（连续/不连续）；当 $\alpha>\varphi$ 时，i_o 的波形________（连续/不连续）；当 $\alpha<\varphi$ 时，i_o 的波形________（连续/不连续）。

创想天地

请查阅有关资料并分析：带阻感负载的单相交流调压电路（$\alpha<\varphi$）在触发脉冲分别为窄脉冲和宽脉冲的情况下，输出电流 i_o 的波形有什么区别？

4．任务评价

请指导教师按照学生的实际表现情况进行评分，并将评分结果填入表 5-5 中。

表 5-5　考核评价表

评价项目	评价标准	满分/分	实际得分/分	指导教师评语
技能操作	能正确连接单相交流调压电路的测试电路	20		
	能正确测试带电阻负载的单相交流调压电路	25		
	能正确测试带阻感负载的单相交流调压电路	25		
	测试完毕后能正确拆除电路，整理器材并归位	10		

（续表）

评价项目	评价标准	满分/分	实际得分/分	指导教师评语
参与程度	认真参加活动，积极思考，主动与同学、指导教师进行交流，善于发现和解决问题	10		
合作意识	积极参与探讨，勇于接受任务，敢于承担责任，团结协作，组织和协调能力强	10		
总分		100		

5.1.1 交流变流电路概述

交流变流电路输入的正弦交流电有电压、电流、频率、相位等参数。根据变换参数的不同，交流变流电路可分为交流调压电路、交流调功电路、交流电力电子开关和交流变频电路四种。

1．交流调压电路

交流调压电路只改变输出电压的有效值。根据控制方式的不同，交流调压电路可分为相位控制交流调压电路和斩波控制交流调压电路两种。如图 5-4 所示为两种交流调压电路输出电压的波形。

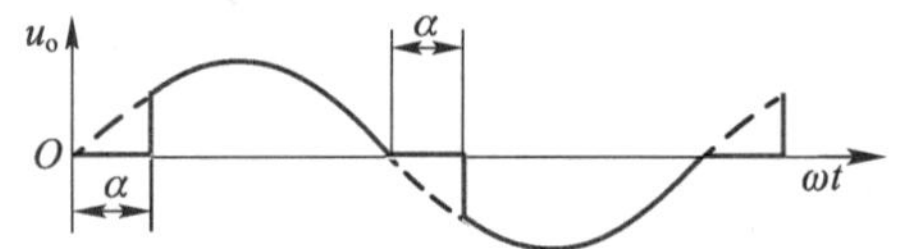

（a）相位控制交流调压电路输出电压的波形

（b）斩波控制交流调压电路输出电压的波形

图 5-4　两种交流调压电路输出电压的波形

1）相位控制交流调压电路

相位控制交流调压电路主要采用晶闸管作为开关器件，该电路可在电源电压的波形上、下半周的某一相位分别触发相应的晶闸管并使其开通，通过调节 α 的大小来控制负载接通电源的时间，从而达到交流调压的目的。相位控制交流调压电路输出电压的波形如图 5-4（a）所示。

相位控制交流调压电路可利用电源换相，不需要附加换相电路，便可实现电压波形的平滑调节。因此，相位控制交流调压电路的响应速度快，应用较为广泛。但当 α 过大时，相位控制交流调压电路的输出电压会产生较大的谐波分量。

2）斩波控制交流调压电路

斩波控制交流调压电路主要采用全控型电力电子器件作为开关器件，其控制原理是在电源电压的一个周期中使开关器件多次开通、关断，从而将电源输入的正弦交流电压斩断为若干个脉冲电压，如图 5-4（b）所示。斩波控制交流调压电路通过改变开关器件的占空比即可改变输出电压的有效值。

与相位控制交流调压电路相比，斩波控制交流调压电路输出电压的波形好、谐波分量小、大小连续可调且响应速度快，但其电路结构较为复杂。

2. 交流调功电路

交流调功电路采用两个反并联的晶闸管（或一个双向晶闸管）构成双向可控开关，该电路通过控制双向可控开关的开通和关断来改变电路开通整周期和关断整周期的比值，从而调节输出功率的平均值，达到交流调功的目的。交流调功电路控制原理简单，输出电流的波形为正弦波，无高次谐波分量，因此适用于各种需要加热或进行温度控制的场合，如金属热处理、化工合成加热、钢化玻璃热处理等。但是交流调功电路的响应速度较慢，且输出电压存在低次谐波分量。

3. 交流电力电子开关

交流电力电子开关与交流调功电路相同，同样通过双向可控开关对电路进行开通和关断控制。但是交流电力电子开关往往根据实际需要来控制电路的开通和关断，不控制电路的平均输出功率。交流电力电子开关具有开关速度快、寿命长、可频繁控制开通和关断等优点，常用于控制需要正反转、频繁启动、间歇运行的交流电机控制电路。

一般情况下，交流电力电子开关的控制频率比交流调功电路的控制频率低得多。

4. 交流变频电路

交流变频电路可将一定频率的交流电变换为其他频率的交流电。根据电路结构的不同，交流变频电路可分为交-交变频电路和交-直-交变频电路两种。一般情况下，交流变频电路在改变输出交流电频率的同时还可控制输出交流电的电压有效值，因此适用于变频调速装置、感应加热装置、不间断电源等。

1）交-交变频电路

交-交变频电路又称直接变频电路，它将一定频率的交流电直接变换为其他固定频率或频率可调的交流电。交-交变频电路没有中间直流环节，且通常采用晶闸管作为开关器件，因此可利用电源进行换相。交-交变频电路的功率等级较高、变换效率较高、低频输出性能较好、易于实现功率回馈。因此，交-交变频电路适用于大功率、低转速的交流调速系统。

2）交-直-交变频电路

交-直-交变频电路先将一定频率的交流电整流为直流电，再将直流电逆变为其他频率的交流电。相较于交-交变频电路，交-直-交变频电路增加了直流变换环节，因此又称间接变频电路。交-直-交变频电路的结构简单，技术较成熟，因此在生产中应用广泛。但是，交-直-交变频电路由于功率变换的次数较多，因此其工作效率较低。

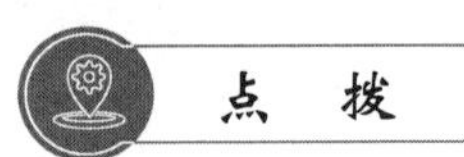

点　拨

整流电路、逆变电路和交-直-交变频电路，三者既有联系又有区别。交-直-交变频电路由交-直变换电路和直-交变换电路两部分组成，交-直变换电路即整流电路，直-交变换电路即逆变电路。

5.1.2　单相交流调压电路

单相交流调压电路主要应用于对中、小容量单相负载进行交流调压的场合。负载的性质不同，单相交流调压电路的工作情况也不同，下面分别对带电阻负载和带阻感负载的单相交流调压电路进行介绍。

1. 带电阻负载的单相交流调压电路

1）工作原理

如图 5-2（a）所示为带电阻负载的单相交流调压电路，其工作波形如图 5-5 所示。该电路采用两个反并联的晶闸管 VT_1、VT_2 作为开关器件，因此需要两组相互独立的触发电路分别来控制 VT_1、VT_2 的开通和关断。带电阻负载的单相交流调压电路的具体工作情况如下。

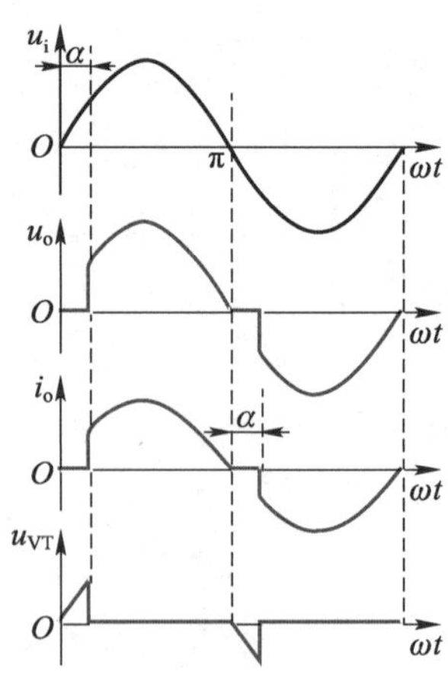

图 5-5　带电阻负载的单相交流调压电路的工作波形

（1）在 u_i 波形的正半周，当 $\omega t=\alpha$ 时，VT_1 开通，i_o 通过 R，此时 VT_1 两端的电压 $u_{VT1}=0\ V$，$u_o=u_i$，u_o、i_o 的波形与 u_i 正半周的波形相同。在 u_i 波形的正半周结束后，u_i

过零变负，VT_1 因承受反向电压而关断，此时 $u_{VT1}=u_i$，$u_o=0\,V$。

（2）在 u_i 波形的负半周，当 $\omega t=\pi+\alpha$ 时，VT_2 开通，i_o 通过 R，此时 VT_2 两端的电压 $u_{VT2}=0\,V$，$u_o=u_i$，u_o、i_o 的波形与 u_i 负半周的波形相同。在 u_i 波形的负半周结束后，u_i 过零变正，VT_2 因承受反向电压而关断，此时 $u_{VT2}=u_i$，$u_o=0\,V$。之后电路将重复上述工作过程。

2）基本参数

带电阻负载的单相交流调压电路基本参数的计算公式如下。

（1）输出电压的有效值为

$$U_o=\sqrt{\frac{1}{\pi}\int_{\alpha}^{\pi}(\sqrt{2}U_1\sin\omega t)^2\mathrm{d}\omega t}=U_i\sqrt{\frac{\sin 2\alpha}{2\pi}+\frac{\pi-\alpha}{\pi}} \tag{5-1}$$

（2）输出电流的有效值为

$$I_o=\frac{U_o}{R} \tag{5-2}$$

（3）通过晶闸管的电流有效值为

$$I_{VTn}=\sqrt{\frac{1}{2\pi}\int_{\alpha}^{\pi}\left(\frac{\sqrt{2}U_i\sin\omega t}{R}\right)^2\mathrm{d}\omega t}=\frac{U_i}{R}\sqrt{\frac{1}{2}\left(\frac{\pi-\alpha}{\pi}+\frac{\sin 2\alpha}{2\pi}\right)} \tag{5-3}$$

（4）电路的功率因数为

$$\lambda=\frac{|P|}{S}=\frac{U_oI_o}{U_iI_o}=\frac{U_o}{U_i}=\sqrt{\frac{\sin 2\alpha}{2\pi}+\frac{\pi-\alpha}{\pi}} \tag{5-4}$$

其中，P 表示有功功率；S 表示视在功率，$S=UI$。

点　拨

在带电阻负载的单相交流调压电路中，α 的移相范围为 $0\leqslant\alpha\leqslant\pi$，通过改变 α 的大小即可改变电路输出电压的有效值，从而实现调压。当 $\alpha=0$ 时，晶闸管相当于一直处于通态，此时输出电压的有效值最大，$U_o=U_i$；随着 α 的增大，U_o 逐渐减小，直至 $\alpha=\pi$ 时，$U_o=0\,V$。

此外，当 $\alpha=0°$ 时，电路的 $\lambda=1$；随着 α 的增大，λ 逐渐减小。

【例 5-1】 在如图 5-2(a)所示的带电阻负载的单相交流调压电路中，若 $U_i=220\,V$，$R=10\,\Omega$，试求该电路在 $\alpha=\frac{\pi}{4}$ 时输出电压的有效值 U_o 和输出电流的有效值 I_o。

【解】根据式（5-1）可知，该电路输出电压的有效值为

$$U_o = U_i\sqrt{\frac{\sin 2\alpha}{2\pi}+\frac{\pi-\alpha}{\pi}} \approx 335.2(\text{V})$$

根据式（5-2）可知，该电路输出电流的有效值为

$$I_o = \frac{U_o}{R} \approx 33.5(\text{V})$$

2．带阻感负载的单相交流调压电路

1）工作原理

如图 5-2（b）所示为带阻感负载的单相交流调压电路。其中，由于 L 的存在，u_i 在过零时晶闸管仍继续开通，从而使 i_o 的相位滞后于 u_i 的相位，两者的相位差称为负载的阻抗角，用 φ 表示。此时晶闸管导通角 θ 的大小不仅与 α 有关，还与 φ 有关。

如图 5-6 所示为带阻感负载的单相交流调压电路的工作波形。为便于分析，仍将 $\alpha=0$ 定为电源电压过零变正的时刻。当带阻感负载的单相交流调压电路处于稳态时，其工作情况如下。

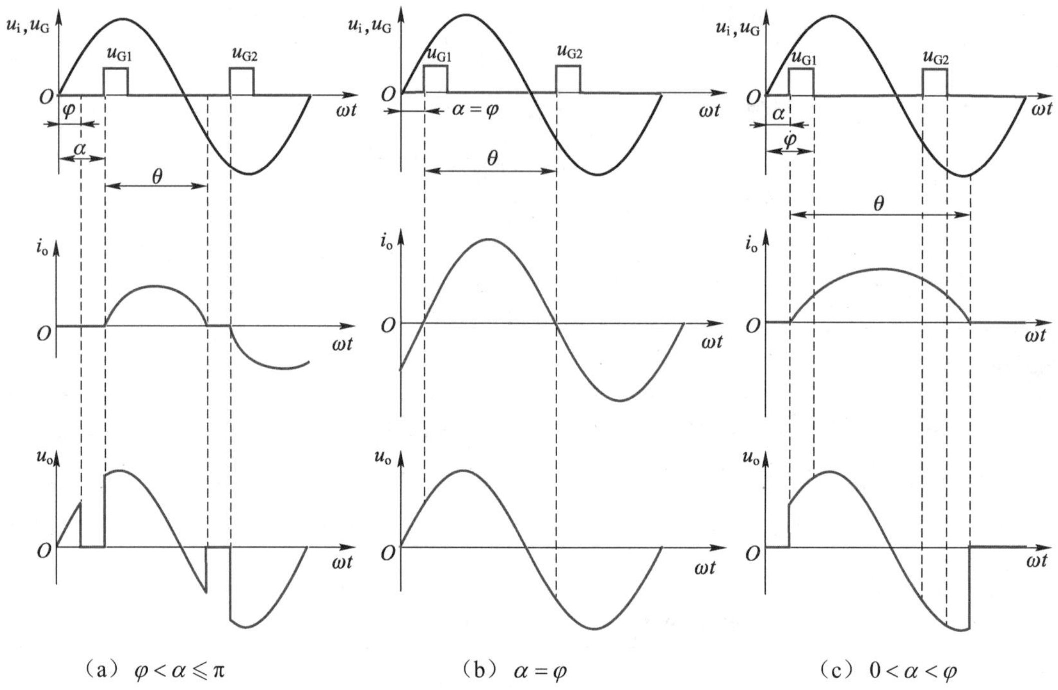

（a）$\varphi<\alpha\leqslant\pi$　　（b）$\alpha=\varphi$　　（c）$0<\alpha<\varphi$

图 5-6　带阻感负载的单相交流调压电路的工作波形

（1）当 $\varphi<\alpha\leqslant\pi$ 时，反并联的两个晶闸管的 $\theta<\pi$，且 α 越大，θ 越小；i_o 的波形断续，u_o 的波形为“缺块”的正弦波，如图 5-6（a）所示。此时，带阻感负载的单相交流调压电路具有调压功能。

（2）当 $\alpha=\varphi$ 时，反并联的两个晶闸管的 $\theta=\pi$，$u_o=u_i$，i_o 和 u_o 的波形均为完整的正弦波，如图 5-6（b）所示。此时，带阻感负载的单相调压电路不具有调压功能。

（3）当 $0<\alpha<\varphi$ 时，VT_1 在接收到 u_{G1} 后开通，且 $\theta>\pi$；VT_2 在接收到 u_{G2} 时会因通过 VT_1 的电流未归零而承受反向电压，无法开通。若反并联的两个晶闸管采用单窄脉冲触发，则当通过 VT_1 的电流归零时，u_{G2} 已经消失，VT_2 仍然无法开通，从而使该电路在每个周期内只有一个晶闸管开通，同时 i_o 只有正半部分且含有大量的直流分量，如图 5-6（c）所示。若反并联的两个晶闸管采用宽脉冲触发，特别是采用后沿固定、前沿可调、最大脉冲宽度为 π 的脉冲序列触发，则可保证这两个晶闸管均在 $\omega t=\varphi$ 处开通，此时 i_o 和 u_o 的波形与 $\alpha=\varphi$ 时的波形相似，只是 i_o 的相位比 u_o 的相位滞后 φ。综上，当 $0<\alpha<\varphi$ 时，带阻感负载的单相交流调压电路不具有调压功能，因此 α 的移相范围为 $\varphi\leqslant\alpha\leqslant\pi$。

2）基本参数

带阻感负载的单相交流调压电路基本参数的计算公式如下。

（1）输出电压的有效值为

$$U_o=\sqrt{\frac{1}{\pi}\int_{\alpha}^{\alpha+\theta}(\sqrt{2}U_i\sin\omega t)^2\,\mathrm{d}\omega t}=U_i\sqrt{\frac{1}{2\pi}[\sin 2\alpha-\sin(2\alpha+2\theta)]+\frac{\theta}{\pi}} \tag{5-5}$$

（2）通过各晶闸管的电流有效值为

$$\begin{aligned}I_{VTn}&=\sqrt{\frac{1}{2\pi}\int_{\alpha}^{\alpha+\theta}\left\{\frac{\sqrt{2}U_i}{Z}\left[\sin(\omega t-\varphi)-\sin(\alpha-\varphi)\mathrm{e}^{\frac{\alpha-\omega t}{\tan\varphi}}\right]\right\}^2\mathrm{d}\omega t}\\&=\frac{U_i}{\sqrt{2\pi}Z}\sqrt{\theta-\frac{\sin\theta\cos(2\alpha+\varphi+\theta)}{\cos\varphi}}\end{aligned} \tag{5-6}$$

其中，$Z=\sqrt{R^2+(\omega L)^2}$。

（3）输出电流的有效值为

$$I_o=\sqrt{2}I_{VTn} \tag{5-7}$$

点　拨

带阻感负载的单相交流调压电路的触发脉冲不能使用窄脉冲，这是因为当 $\alpha<\varphi$ 时该电路只有一个晶闸管开通，输出电流中的直流分量可能会将晶闸管和负载烧坏。

5.1.3　三相交流调压电路

三相交流调压电路适用于对交流功率调节容量要求较大的场合。根据连接方式的不同，三相交流调压电路可分为星形连接和三角形连接两类，它们的工作性能各不相同。如图 5-7 所示为常见的三相交流调压电路，它们分别采用了三相四线星形连接方式、三相三线星形连接方式、支路控制三角形连接方式。其中，采用三相四线星形连接方式和采用支路控制三角形连接方式的三相交流调压电路，可看作是由三个单相交流调压电路组合而成的调压电路，其工作原理与分析方法可参照单相交流调压电路。下面主要对采用三相三线星形连接方式的三相交流调压电路进行介绍。

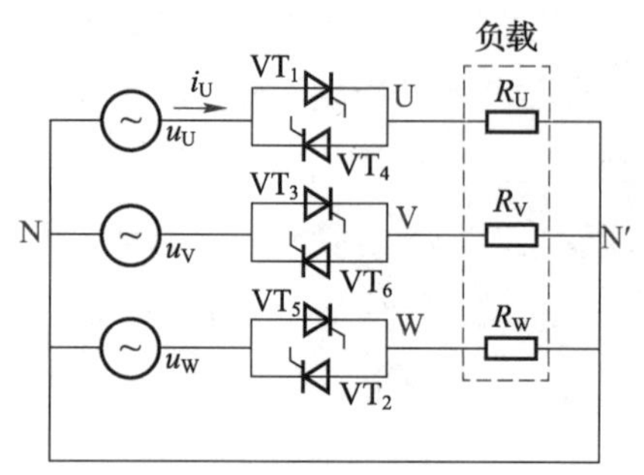

（a）三相四线星形连接方式

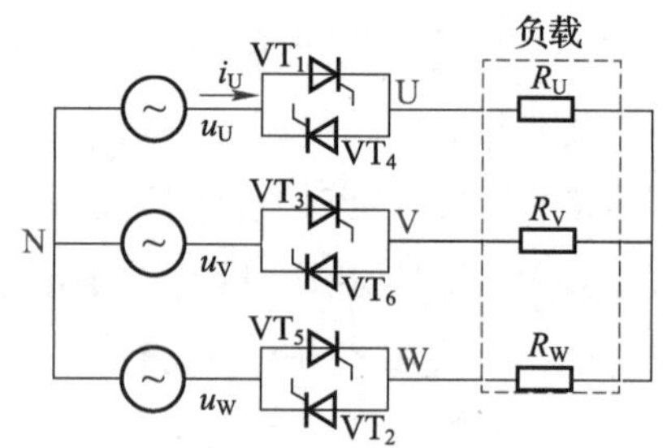

（b）三相三线星形连接方式

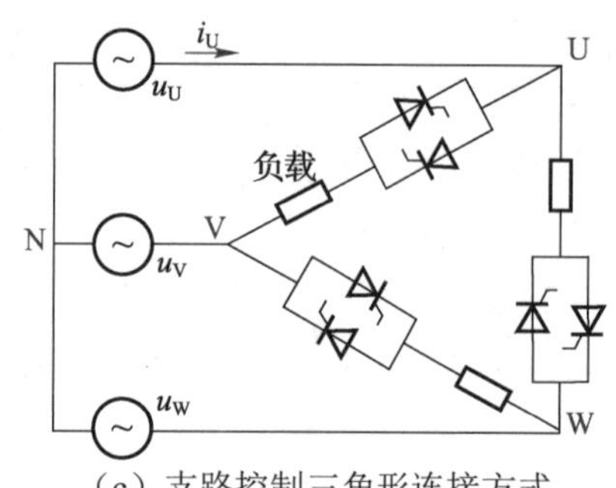

（c）支路控制三角形连接方式

图 5-7　常见的三相交流调压电路

采用三相三线星形连接方式的三相交流调压电路如图 5-7（b）所示，它与三相桥式全控整流电路相似，电路中的晶闸管同样按照 $VT_1-VT_2-VT_3-VT_4-VT_5-VT_6$ 的顺序依次开通，且相邻晶闸管触发脉冲的相位间隔为 $\frac{\pi}{3}$。为保证该电路能正常工作，其中至少要有两相开通以形成回路，且一相为正向晶闸管开通，另一相为反向晶闸管开通，两相之间的相位间隔为 $\frac{2\pi}{3}$。当该电路所带负载为电阻负载时，α 的移相范围为 $0\sim\frac{5\pi}{6}$。改变 α 的值，即可改变该电路输出电压的波形和有效值。

1. 当 $\alpha<\frac{\pi}{2}$ 时的工作情况

如图 5-8 所示为采用三相三线星形连接方式的三相交流调压电路在 $\alpha<\frac{\pi}{2}$ 时的工作波形。其中，$VT_1\sim VT_6$ 和斜线框表示各晶闸管的开通区间。

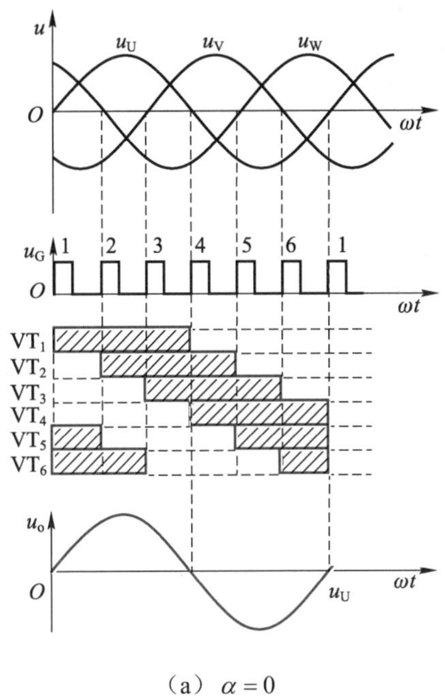

（a）$\alpha=0$

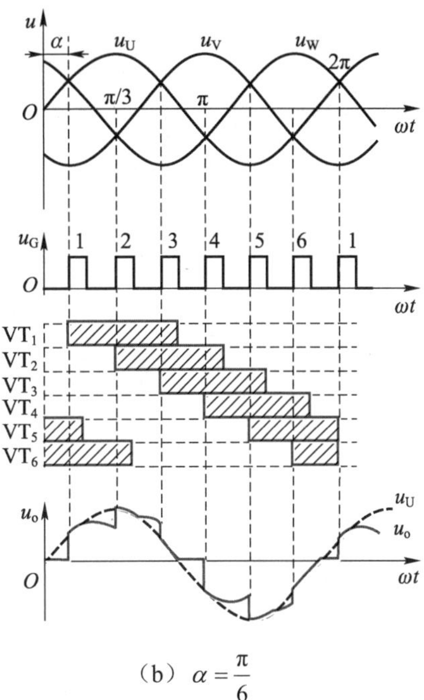

（b）$\alpha=\dfrac{\pi}{6}$

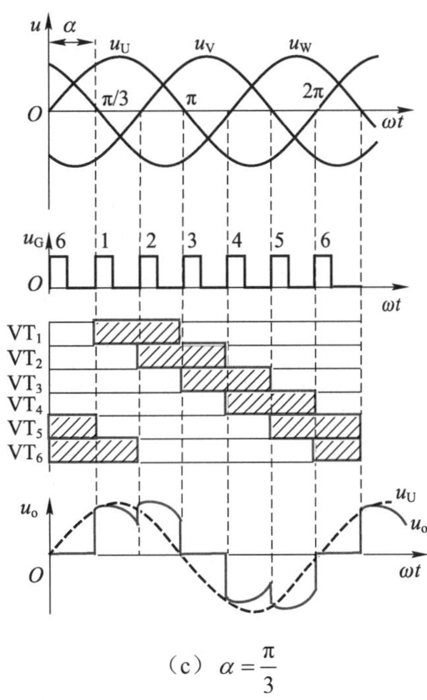

（c）$\alpha=\dfrac{\pi}{3}$

图 5-8　采用三相三线星形连接方式的三相交流调压电路在 $\alpha<\dfrac{\pi}{2}$ 时的工作波形

点　拨

为保证采用三相三线星形连接方式的三相交流调压电路在开始工作时就有两相晶闸管同时开通，则需要采用双脉冲触发或宽脉冲触发（脉宽大于$\frac{\pi}{3}$）。为保证该电路的输出电压对称可调，则应保持触发脉冲与电源电压同步。

当$\alpha=0$时，采用三相三线星形连接方式的三相交流调压电路的工作波形如图 5-8（a）所示，其触发脉冲的间隔为$\frac{\pi}{3}$。VT_1在u_U过零变正时开通，在u_U过零变负时因承受反向电压而关断；而VT_4在u_U过零变负时开通，在u_U过零变正时因承受反向电压而关断。晶闸管的开通顺序为$VT_1-VT_2-VT_3-VT_4-VT_5-VT_6$，且各晶闸管均开通$\pi$。除了换相时刻，其余时刻均有三个晶闸管开通。采用三相三线星形连接方式的三相交流调压电路各相输出的电压波形均为完整的正弦波，且与电源相电压的波形相同。

点　拨

在采用三相三线星形连接方式的三相交流调压电路中，$\alpha=0$是指在每相电压过零变正时触发正向晶闸管和过零变负时触发反向晶闸管的时刻，此时晶闸管相当于二极管。

当$\alpha=\frac{\pi}{6}$时，采用三相三线星形连接方式的三相交流调压电路的工作波形如图 5-8（b）所示，其中触发脉冲的间隔为$\frac{\pi}{3}$，各晶闸管在相应的相电压过零后$\frac{\pi}{6}$时刻被触发，并开通$\frac{5\pi}{6}$，两个晶闸管同时开通与三个晶闸管同时开通的工作状态交替出现；各相输出电压波形的负半周与正半周反向对称。

当$\alpha=\frac{\pi}{3}$时，采用三相三线星形连接方式的三相交流调压电路的工作波形如图 5-8（c）所示。其中，各晶闸管持续开通$\frac{2\pi}{3}$；每个区间由两个晶闸管同时开通并构成回路，分析方法与$\alpha=\frac{\pi}{6}$时相似。

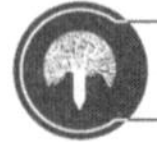

头脑风暴

请根据图 5-8（c），分析采用三相三线星形连接方式的三相交流调压电路在$\alpha=\frac{\pi}{3}$时各晶闸管的开通情况。

2．当 $\alpha \geqslant \frac{\pi}{2}$ 时的工作情况

当 $\alpha \geqslant \frac{\pi}{2}$ 时，采用三相三线星形连接方式的三相交流调压电路的分析方法与 $\alpha < \frac{\pi}{2}$ 时的分析方法不同。如图 5-9 所示为采用三相三线星形连接方式的三相交流调压电路在 $\alpha \geqslant \frac{\pi}{2}$ 时的工作波形。

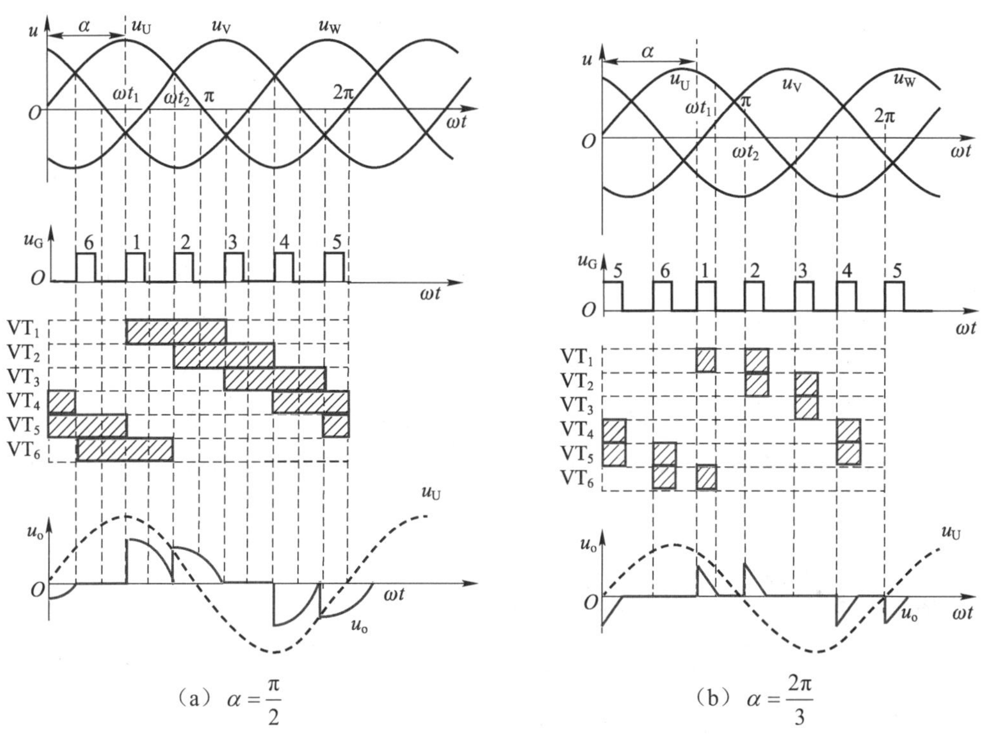

图 5-9　采用三相三线星形连接方式的三相交流调压电路在 $\alpha \geqslant \frac{\pi}{2}$ 时的工作波形

当 $\alpha = \frac{\pi}{2}$ 时，采用三相三线星形连接方式的三相交流调压电路的工作波形如图 5-9（a）所示。以 VT_1 为例，假设 u_G 的宽度足够大（大于 $\frac{\pi}{3}$），VT_1 在 ωt_1 时刻接收到 u_{G1} 而开通，此时 VT_6 的 u_{G6} 仍存在；由于 $u_U > u_V$，因此 VT_1、VT_6 分别在 u_{G1}、u_{G6} 和正向电压 u_{UV} 的共同作用下同时开通，从而在 U、V 两相之间构成回路，电流沿着“U 相→VT_1→U 相负载→V 相负载→VT_6→V 相”回路流动。在 ωt_2 时刻，$u_U < u_V$，VT_1、VT_6 同时关断；但当 u_{G2} 到来时，VT_1 的 u_{G1} 仍存在，又由于 $u_U > u_W$，因此 VT_1、VT_2 分别在 u_{G1}、u_{G2} 和正向电压 u_{UW} 的共同作用下同时开通，在 U、W 两相之间构成回路，电流沿着“U 相→VT_1→U 相负载→W 相负载→VT_2→W 相”回路流动。

在下一时刻，晶闸管的开通情况与上述相似。由 U 相的输出电压 u_o 的波形可知，其正、负半周波形是反向对称的。

当 $\alpha=\frac{2\pi}{3}$ 时，采用三相三线星形连接方式的三相交流调压电路的工作波形如图 5-9（b）所示，其工作情况与在 $\alpha=\frac{\pi}{2}$ 时的相似，可用同样的方法进行分析。不同之处在于，当 $\alpha=\frac{2\pi}{3}$ 时，该电路中的每个晶闸管开通后与前一刻触发的晶闸管构成回路，并在开通 $\frac{\pi}{6}$ 后关断 $\frac{\pi}{6}$，然后又与下一刻新触发的晶闸管构成另一回路，再在开通 $\frac{\pi}{6}$ 后关断 $\frac{\pi}{6}$，从而使该电路处于有两个晶闸管同时开通和无晶闸管开通的交替工作状态。

当 $\alpha \geqslant \frac{5\pi}{6}$ 时，采用三相三线星形连接方式的三相交流调压电路的负载上无交流电压输出。以 VT_1 为例，当 VT_1 接收到 u_{G1} 而开通时，VT_6 的 u_{G6} 仍存在，但 U 相电压已不再大于 V 相电压，此时 VT_1 、VT_6 有触发脉冲但因无正向电压而不能开通，电源和负载之间无法形成回路，电路的输出电压为零。

通过上述分析可知，采用三相三线星形连接方式的三相交流调压电路具有以下特点。

（1）当三相中均有一个晶闸管开通时，各相的输出电压 u_o 为电源的相电压。

（2）当三相中的两相各有一个晶闸管开通，且另一相上的两个晶闸管均不开通时，各相的输出电压 u_o 为电源线电压的 1/2。

（3）输出电流 i_o 的波形与其负载相电压的波形相同。

当采用三相三线星形连接方式的三相交流调压电路带阻感负载时，其与带阻感负载的单相交流调压电路相似，同样要求触发脉冲为宽脉冲，但脉冲的移相范围为 $\varphi \leqslant \alpha \leqslant \frac{5\pi}{6}$；当 $\alpha=\varphi$ 时，该电路的输出电流最大且为正弦波，相当于晶闸管全部被短接。

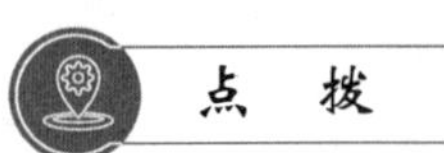

在分析采用支路控制三角形连接方式的三相交流调压电路时，若要求取该电路的输入线电流（即电源电流），则只需将与该线相连的两个负载的相电流求和即可。在相同负载和相同输出电压的情况下，采用支路控制三角形连接方式的三相交流调压电路，其线电流中的谐波分量要小于采用三相三线星形连接方式的三相交流调压电路线电流中的谐波分量。

任务 5.2　测试交流变频电路

任务引入

交流变频电路能对输入交流电的频率和电压进行调节，其中交-直-交变频电路主要应用于对变换精度要求较高、调速性能较好的场合。如图 5-10 所示为交-直-交变频电路的基本结构，该电路主要由主电路和控制电路两部分组成。请选择合适的工具和器材，连接并测试该电路，分析其基本参数并绘制其工作波形。

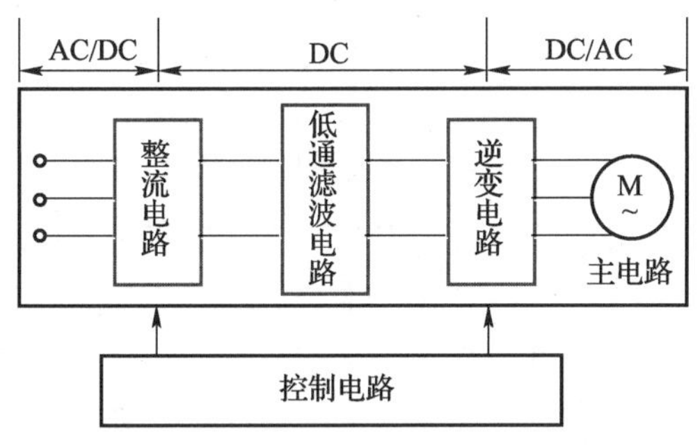

图 5-10　交-直-交变频电路的基本结构

本任务的知识与技能要求如表 5-6 所示。

表 5-6　知识与技能要求

任务内容	测试交流变频电路	学习程度		
		识记	理解	应用
学习任务	单相交-交变频电路		●	
	三相交-交变频电路		●	
	交-直-交变频电路的分类及特点	●		
	单相交-直-交变频电路		●	
实训任务	测试单相交-直-交变频电路			●
自我勉励				

任务工单——测试单相交-直-交变频电路

1. 知识准备

在图 5-10 中，AC/DC 环节为不可控整流电路，可将输入交流电变换为直流电；中间 DC 环节为低通滤波电路，可将整流电路输出的脉动直流电变换为平滑的直流电；DC/AC 环节为单相桥式逆变电路，可将滤波后的直流电变换为频率和电压都可调的交流电；控制电路的作用是控制整流电压、逆变频率等参数，协助主电路实现变频功能。

测试单相交-直-交变频电路

2. 工具和器材准备

准备任务实施所需的工具和器材，补全表 5-7。

表 5-7　工具和器材清单

名称	规格	型号	数量	名称	规格	型号	数量
单相交流电源	220 V		1 路	二极管			8 个
PWM 信号发生器			1 个	电感			1 个
数字万用表			1 台	电容			2 个
IGBT 模块			4 组	电阻			1 个
示波器			1 台	导线			若干
变压器			1 个				

3. 任务实施

1）连接电路

选择合适的工具和器材，按图 5-11 连接电路，并将 PWM 信号发生器的触发信号接入电路中 Q_1、Q_2、Q_3、Q_4 的 G 端，并将 PWM 信号发生器的接地端与 Q_1、Q_2、Q_3、Q_4 的 E 端相连。

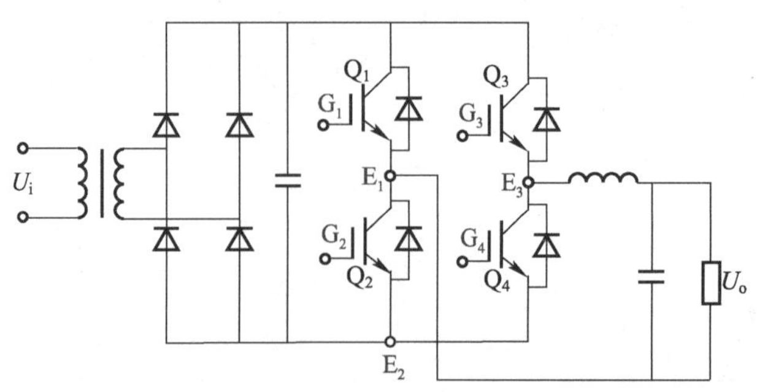

图 5-11　单相交-直-交变频电路

2）测试电路

断开单相交流电源的开关，在其输入端接入 220 V 的工频交流电，然后按以下步骤进行测试。

（1）调节 PWM 信号发生器，使其输出的正弦波 u_r 频率最小。

（2）闭合单相交流电源的开关，调节 u_r 的频率，使其为 5 Hz，然后用示波器采集输出电压 u_o 的波形，并将 u_o 的频率填入表 5-8 中。

（3）用数字万用表检测输出电压 U_o 的值，将检测结果填入表 5-8 中。

（4）调节 u_r 的频率，使其分别为 10 Hz、15 Hz、20 Hz、25 Hz、30 Hz，用示波器分别采集 u_o 在不同频率下的波形，并将 u_o 的频率填入表 5-8 中。

（5）用数字万用表分别检测 U_o 在不同频率下的值，并将检测结果填入表 5-8 中。

（6）操作结束后，关闭电源，拆除电路，按要求整理实验台。

表 5-8　单相交-直-交变频电路的测试数据

u_r 的频率/Hz	5	10	15	20	25	30
u_o 的频率/Hz						
U_o/V						

结论：在单相交-直-交变频电路中，随着 u_r 频率的逐渐增大，u_o 的频率________（增大/减小/不变），U_o________（增大/减小/不变）。

3）绘制 u_o 的波形曲线

结合表 5-8 中的数据，分别在图 5-12 和图 5-13 中绘制出当 u_r 的频率分别为 5 Hz 和 30 Hz 时 u_o 的波形曲线。

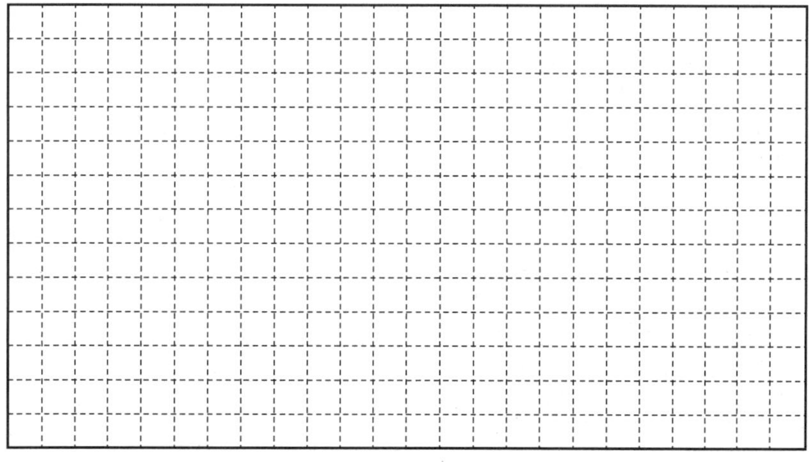

图 5-12　绘制当 u_r 的频率为 5 Hz 时 u_o 的波形曲线

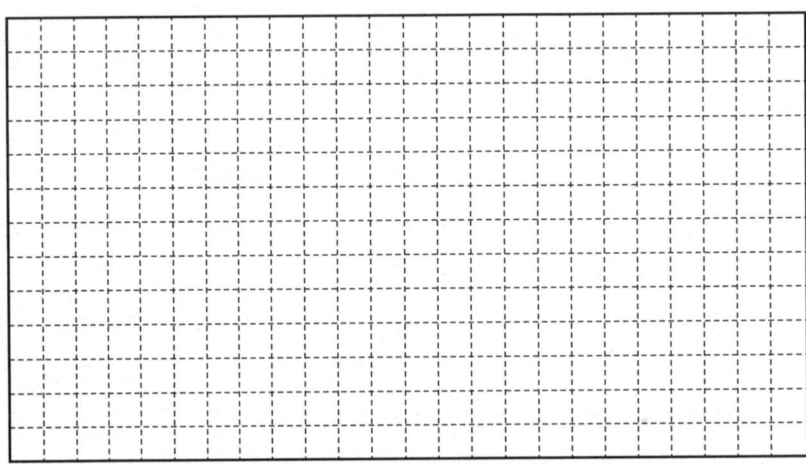

图 5-13　绘制当 u_r 的频率为 30 Hz 时 u_o 的波形曲线

创想天地

交流变频电路在新能源汽车的空调制冷系统、车辆发动机冷却装置和驱动电机变频调速系统中都发挥着重要作用。试分析：除了新能源汽车，交流变频电路还可应用于哪些领域？

4．任务评价

请指导教师按照学生的实际表现情况进行评分，并将评分结果填入表 5-9 中。

表 5-9　考核评价表

评价项目	评价标准	满分/分	实际得分/分	指导教师评语
技能操作	能正确连接单相交-直-交变频电路的测试电路	20		
	能正确测试单相交-直-交变频电路	25		
	能正确绘制单相交-直-交变频电路输出电压的波形曲线	25		
	测试完毕后能正确拆除电路，整理器材并归位	10		
参与程度	认真参加活动，积极思考，主动与同学、指导教师进行交流，善于发现和解决问题	10		
合作意识	积极参与探讨，勇于接受任务，敢于承担责任，团结协作，组织和协调能力强	10		
总分		100		

5.2.1 交-交变频电路

根据电路输出相数的不同，交-交变频电路可分为单相交-交变频电路和三相交-交变频电路两种。下面分别对单相交-交变频电路和三相交-交变频电路进行介绍。

1．单相交-交变频电路

如图 5-14 所示为简化的单相交-交变频电路，该电路由 P 组（正组）和 N 组（反组）两组反并联的晶闸管变流电路构成，其中 P 组和 N 组均为可逆整流电路。

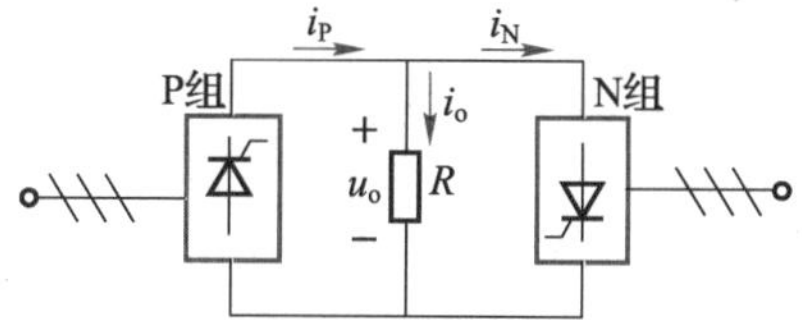

图 5-14 简化的单相交-交变频电路

在图 5-14 中，当 P 组工作时，N 组开路，u_o 的极性为上正下负，i_o 为正；反之，当 N 组工作时，P 组开路，u_o 的极性为上负下正，i_o 为负。当 P 、N 两组变流电路按照一定频率交替工作时，单相交-交变频电路可输出相同频率的交流电。因此，改变 P 、N 两组变流电路的切换频率，即可改变单相交-交变频电路的输出频率，而 u_o 的大小则取决于晶闸管 α 的大小。

当单相交-交变频电路工作时，若各组的 α 保持不变，则 u_o 的波形近似为方波，它是由若干段电源电压波形曲线拼成的。此时，该电路称为方波型单相交-交变频电路，如图 5-15 所示。由于方波型单相交-交变频电路输出电压的波形中低次谐波分量较大，因此在实际应用中多采用正弦波型单相交-交变频电路，它按正弦规律对 α 进行调制，可使 u_o 的波形近似为正弦波。

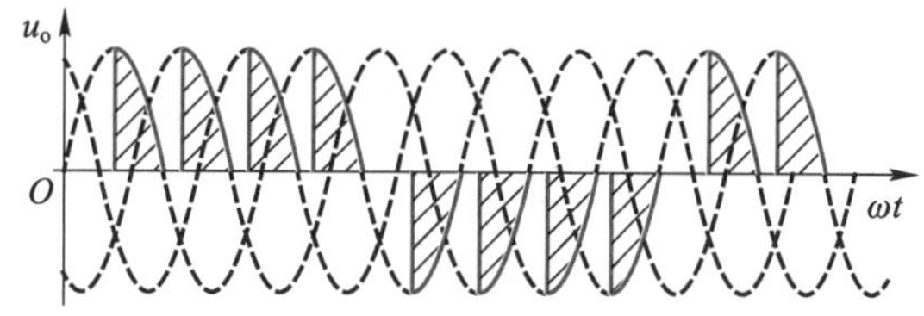

图 5-15 方波型单相交-交变频电路输出电压的波形

正弦波型单相交-交变频电路输出电压的波形如图 5-16 所示。当 P 组工作在整流状态时，P 组晶闸管的触发延迟角 α_P 按 $\frac{\pi}{2} \to 0 \to \frac{\pi}{2}$ 的正弦规律由大变小再变大，U_o 在正半周按正弦规律由小变大再变小。此时，由于 u_o 波形的正值部分面积大于负值部分面积，因此 P 组的输出功率为正，电源向负载供电。

当 P 组工作在逆变状态时，α_P 按 $\frac{\pi}{2} \to \pi \to \frac{\pi}{2}$ 的正弦规律由小变大再变小，U_o 在负半周按正弦规律由小变大再变小。此时，由于 u_o 波形的正值部分面积小于负值部分面积，因此 P 组的输出功率为负，负载向电源反馈电能。

同理，当正弦波型单相交-交变频电路的 N 组也按上述方法控制晶闸管的触发延迟角 α_N 时，u_o 的波形如图 5-16（b）所示。

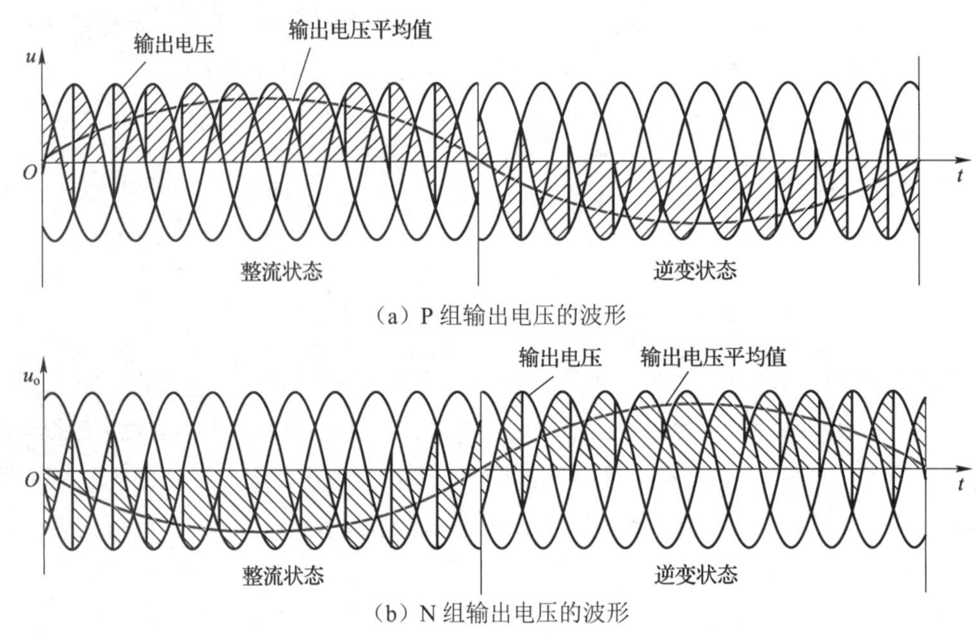

（a）P 组输出电压的波形

（b）N 组输出电压的波形

图 5-16　正弦波型单相交-交变频电路输出电压的波形

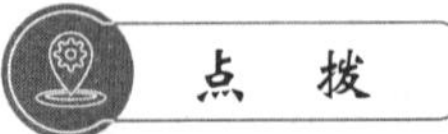

与方波型单相交-交变频电路输出电压的波形相似，正弦波型单相交-交变频电路输出电压的波形也不是平滑的正弦波形，而是由若干段电源电压波形曲线拼接而成的。在输出电压的一个周期内，所包含的电源电压波形曲线的段数越多，正弦波型单相交-交变频电路输出电压的波形就越接近正弦波。

在实际应用中，由于负载需要的交流电不仅要求电压能正、负交变，还要求电流也能正、负交变，因此正弦波型单相交-交变频电路需要两组反并联的晶闸管变流电路。以带阻感负载的正弦波型单相交-交变频电路为例，两组变流电路在无环流方式下按一定频率交替工作，使 α_P 和 α_N 在 $0 \sim \frac{\pi}{2}$ 范围内调节，因此带阻感负载的正弦波型单相交-交变频电路的工作波形如图 5-17 所示。

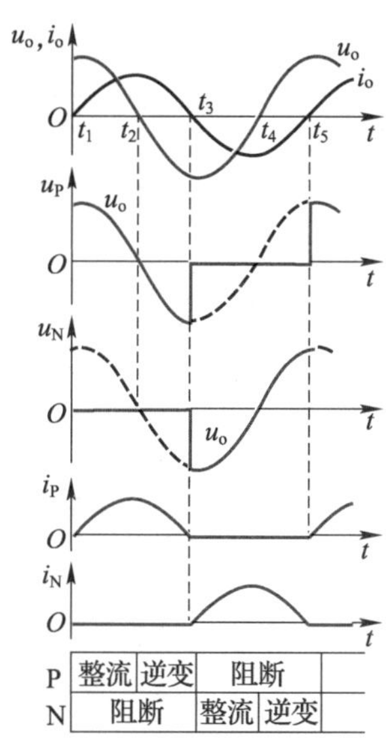

图 5-17　带阻感负载的正弦波型单相交-交变频电路的工作波形

由图 5-17 可知，在输出电压的一个周期内，带阻感负载的正弦波型单相交-交变频电路有四种工作状态。其中，哪组变流电路投入工作是由输出电流的方向决定的，与输出电压的极性无关；而投入工作的那组变流电路工作在整流状态还是逆变状态，则是根据输出电压方向与输出电流方向是否相同来确定的。

点　拨

无环流方式是指不同时对两组变流电路施加触发脉冲，即一组变流电路工作时，封锁另一组变流电路的触发脉冲的工作方式。这种工作方式可避免输出电流在两组变流电路之间流动而不经过负载。

2. 三相交-交变频电路

根据电路接线方式的不同，三相交-交变频电路可分为公共交流母线进线和输出星形连接两种接线方式。

1）采用公共交流母线进线接线方式的三相交-交变频电路

如图 5-18 所示为采用公共交流母线进线接线方式的三相交-交变频电路。该电路由三组彼此独立的单相交-交变频电路组成，它们的电源进线通过进线电抗器接在公共交流母线上，且各组输出电压的相位差为 $\frac{2\pi}{3}$。由于电源进线端公用，因此三组单相交-交变频电路的输出端之间必须相互隔离，即三相负载的三个绕组之间不能相互连接。因此，三相负载的三个绕组 U、V、W 必须拆开，并引出六根线。采用公共交流母线进线接线方式的三相交-交变频电路主要应用于中等容量的交流调速系统。

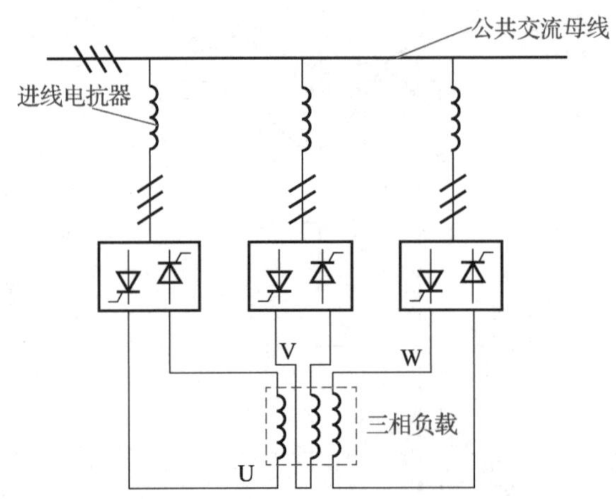

图 5-18　采用公共交流母线进线接线方式的三相交-交变频电路

2）采用输出星形连接接线方式的三相交-交变频电路

如图 5-19 所示为采用输出星形连接接线方式的三相交-交变频电路，其中三组单相交-交变频电路的输出端和三相负载的三个绕组均为星形连接。由于三组单相交-交变频电路的输出端连接在一起，因此电路的电源进线端必须隔离，即三组单相交-交变频电路分别用三台三相变压器供电。采用输出星形连接接线方式的三相交-交变频电路主要应用于大容量的交流调速系统。

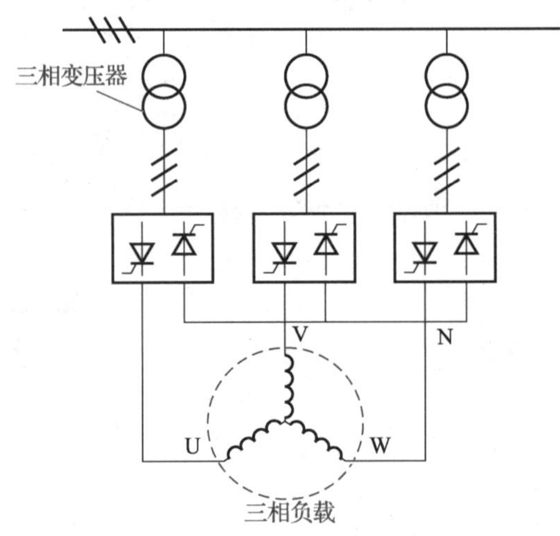

图 5-19　采用输出星形连接接线方式的三相交-交变频电路

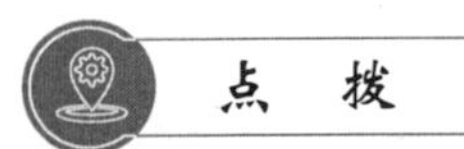

在采用输出星形连接接线方式的三相交-交变频电路中，由于输出端中性点与三相负载中性点之间无连接，因此在构成该电路的六组桥式电路中，至少有两相输出电路的四个晶闸管同时开通才能构成回路。

三相交-交变频电路的总输入功率因数大于单相交-交变频电路的输入功率因数，且其输入电流的谐波分量明显小于单相交-交变频电路。

5.2.2　交-直-交变频电路

1．交-直-交变频电路的分类

交-直-交变频电路可按控制方式和电源性质进行分类。

1）按控制方式分类

根据控制方式的不同，交-直-交变频电路可分为可控整流器整流调压、逆变器调频，不可控整流器整流、斩波器调压、逆变器调频，不可控整流器整流、PWM 逆变器调压调频三种控制方式。如图 5-20 所示为采用不同控制方式的交-直-交变频电路的基本结构。

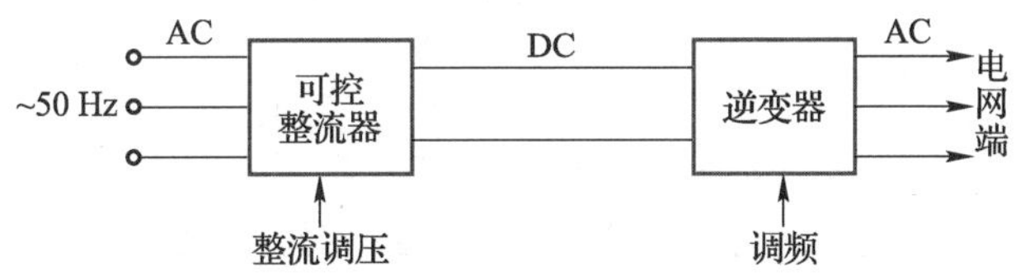

（a）可控整流器整流调压、逆变器调频控制方式

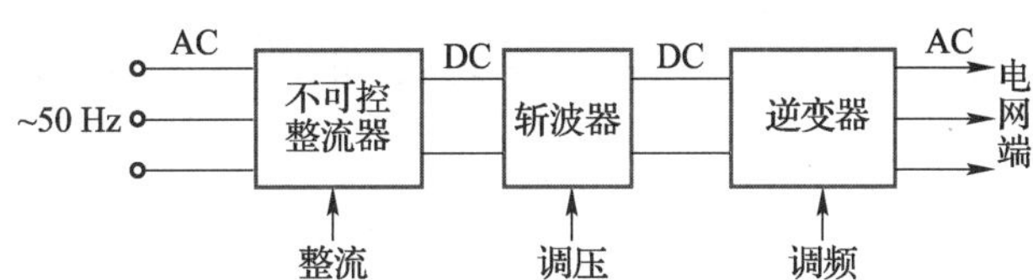

（b）不可控整流器整流、斩波器调压、逆变器调频控制方式

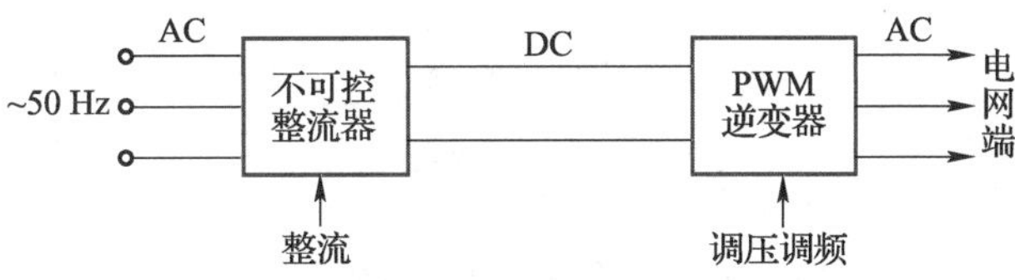

（c）不可控整流器整流、PWM 逆变器调压调频控制方式

图 5-20　采用不同控制方式的交-直-交变频电路的基本结构

（1）采用可控整流器整流调压、逆变器调频的交-直-交变频电路结构简单，调压和调频分别在两个环节中进行，便于控制。但该电路的整流环节采用可控整流器，当输入电压被调得较小时，电网端的功率因数也较小。由于输出环节多采用由晶闸管组成的逆变器，因此该电路输出的谐波分量较大，在实际应用中较少采用。

（2）采用不可控整流器整流、斩波器调压、逆变器调频的交-直-交变频电路的整流环节采用二极管不可控整流器，只整流不调压，输出电压是通过斩波器进行脉宽调制的。因此，该电路电网端的功率因数有所增大，但电路的输出谐波分量仍然较大。

（3）采用不可控整流器整流、PWM 逆变器调压调频的交-直-交变频电路的整流环节采用不可控整流器，因此该电路电网端的功率因数有所增大；而逆变环节采用 PWM 逆变器，因此该电路输出谐波分量有所减小，应用较为广泛。

2）按电源性质分类

根据电源性质的不同，交-直-交变频电路可分为交-直-交电压型变频电路和交-直-交电流型变频电路两种。

如图 5-21 所示为交-直-交电压型变频电路的基本结构，其中间直流环节采用大电容进行滤波，滤波后的电压波形较平直。在理想情况下，可将交-直-交电压型变频电路看作内阻抗为零的恒压源，其输出电压的波形为矩形波或阶梯波。交-直-交电压型变频电路广泛应用于电机调速系统、高精度稳频稳压电源、不间断电源等。

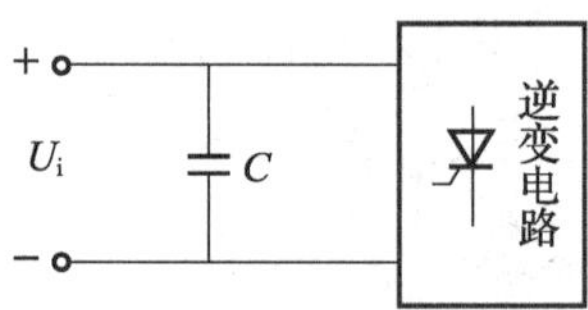

图 5-21　交-直-交电压型变频电路的基本结构

如图 5-22 所示为交-直-交电流型变频电路的基本结构，其中间直流环节采用大电感进行滤波，滤波后的电流波形较平直。在理想情况下，可将交-直-交电流型变频电路看作内阻抗很大的恒流源，其输出电流的波形为矩形波或阶梯波。

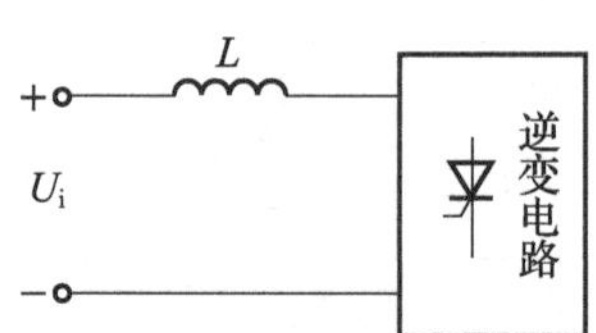

图 5-22　交-直-交电流型变频电路的基本结构

交-直-交电压型变频电路和交-直-交电流型变频电路在以下性能上存在区别。

（1）无功电能的缓冲。通常情况下，交-直-交电压型变频电路采用大电容来缓冲无功电能，而交-直-交电流型变频电路则采用大电感来缓冲无功电能。

（2）回馈制动。当交-直-交电流型变频电路应用于异步电机的变频调速系统时，它相较于交-直-交电压型变频电路更容易实现回馈制动，因此对于需要频繁制动和正反转的场合，交-直-交电流型变频电路更合适。

（3）适用范围。由于交-直-交电压型变频电路相当于恒压源，其电压控制响应较慢，因此适用于多电机同步运行而不要求电机快速加减速的场合。由于大电感的作用，交-直-交电流型变频电路对负载变化的反应迟缓，因此其更适用于单电机传动系统，并且可满足电机快速启动、制动和正反转的要求。

2. 单相交-直-交变频电路

根据输出端交流电相数的不同，交-直-交变频电路还可分为单相交-直-交变频电路和三相交-直-交变频电路。其中，单相交-直-交变频电路是最基础的交-直-交变频电路，它主要采用不可控整流器整流、PWM 逆变器调压调频的控制方式。

如图 5-11 所示为单相交-直-交变频电路，它主要由整流电路、逆变电路和低通滤波电路三部分组成。其中，整流电路通常由二极管或晶闸管组成，逆变电路采用单相桥式逆变电路，滤波电路由 L 和 C 串联而成。滤波电路的输入端与逆变电路的两桥臂相连，输出端与负载相连，用于滤除脉动直流电压中的交流成分。

在单相交-直-交变频电路的作用下，利用 PWM 逆变器来调节正弦波触发信号的频率，可协助单相交-直-交变频电路将输入交流电调节为所需频率的输出交流电。

对于带电阻负载的单相交-直-交变频电路，利用 PWM 逆变器调节输入交流电的频率，只对输出交流电的频率产生影响，其输出交流电的频率随输入交流电频率的增大而增大。相比于交-交变频电路，带电阻负载的单相交-直-交变频电路适用于对交流电精度要求更高的场合。

砥节砺行

交-直-交变频电路中的中间滤波环节能滤除脉动直流电中的交流成分，起到了“过滤”的作用。同样，在学习和成长的过程中，也需要给自己设置“滤波环节”，过滤负能量，接收正能量。这意味着我们要学会调整自己的心态，避免被消极情绪所影响。要积极寻找并接受正面的信息和能量，让自己成为正能量的实践者和传递者，为社会的美好建设贡献自己的一份力量，让这个世界变得更加美好。

笔记

综合测试

1．填空题

（1）只改变电压大小或对电路的开通和关断进行控制，而不改变频率的电路称为__________电路。

（2）在带阻感负载的单相调压电路中，α 的移相范围为__________。

（3）在单相交-交变频电路中，要使电路输出电压波形正弦化，必须不断改变晶闸管的__________。

（4）在带电阻负载的单相交流调压电路中，α 的移相范围为__________。

（5）三相交-交变频电路由三相输出电压的相位互差_________的单相交-交变频电路按一定方式连接组成。

（6）交流调压电路只改变输出电压的有效值，根据控制方式的不同可分为__________调压电路和__________调压电路两种。

（7）交流变频电路可将一定频率的交流电变换为其他频率的交流电。根据电路结构的不同，交流变频电路可分为__________变频电路和__________变频电路两种。

（8）三相交-交变频电路的连接方式分为__________方式和__________方式两种。

（9）在实际应用中，单相交-交变频电路多采用__________电路。

2．判断题

（1）单相交流调压电路主要应用于对中、小容量单相负载进行交流调压的场合。（　　）

（2）交流调功电路与交流调压电路具有完全相同的电路形式。（　　）

（3）交-交变频电路主要应用于大功率、高速交流调速领域。（　　）

（4）交流调压电路既能改变交流电压的大小又能改变交流电压的功率。（　　）

（5）单相交流调压电路采用两个反并联的单向晶闸管或一个双向晶闸管作为开关器件。（　　）

（6）在带电阻负载的单相交流调压电路中，通过改变触发延迟角的大小不能改变电路输出电压的大小从而实现调压。（　　）

（7）三相交流调压电路的连接方式有很多，其工作性能各不相同且各有特点，多应用于交流功率调节容量较大的场合。（　　）

3．综合题

（1）交流调功电路与交流电力电子开关有什么区别？

（2）交-交变频电路与交-直-交变频电路有什么区别？

（3）三相交-交变频电路两种连接方式有什么区别？

学习成果评价

指导教师对学生的实际学习成果进行评价，学生配合指导教师共同完成表 5-10。

表 5-10　学习成果评价

<table>
<tr><td>班级</td><td></td><td>组号</td><td></td><td>日期</td><td colspan="2"></td></tr>
<tr><td>姓名</td><td></td><td>学号</td><td></td><td>指导教师</td><td colspan="2"></td></tr>
<tr><td>学习成果名称</td><td colspan="6">交流变流电路</td></tr>
<tr><td>评价项目</td><td colspan="3">评价内容</td><td>评价方式</td><td>满分/分</td><td>评分/分</td></tr>
<tr><td rowspan="7">知识
（40%）</td><td colspan="3">交流变流电路的分类及特点</td><td rowspan="7">理论测试</td><td>4</td><td></td></tr>
<tr><td colspan="3">单相交流调压电路</td><td>8</td><td></td></tr>
<tr><td colspan="3">三相交流调压电路</td><td>8</td><td></td></tr>
<tr><td colspan="3">单相交-交变频电路</td><td>6</td><td></td></tr>
<tr><td colspan="3">三相交-交变频电路</td><td>4</td><td></td></tr>
<tr><td colspan="3">交-直-交变频电路的分类及特点</td><td>4</td><td></td></tr>
<tr><td colspan="3">单相交-直-交变频电路</td><td>6</td><td></td></tr>
<tr><td rowspan="2">技能
（40%）</td><td colspan="3">测试带负载的单相交流调压电路</td><td rowspan="2">实践操作</td><td>20</td><td></td></tr>
<tr><td colspan="3">测试单相交-直-交变频电路</td><td>20</td><td></td></tr>
<tr><td rowspan="5">素养
（20%）</td><td colspan="3">积极参加教学活动，主动学习、思考、讨论</td><td rowspan="5">综合评判</td><td>6</td><td></td></tr>
<tr><td colspan="3">认真负责，按时完成学习、实践任务</td><td>4</td><td></td></tr>
<tr><td colspan="3">团结协作，与同学之间密切配合</td><td>4</td><td></td></tr>
<tr><td colspan="3">服从指挥，遵守课堂和实训室纪律</td><td>4</td><td></td></tr>
<tr><td colspan="3">守正创新，自信自强</td><td>2</td><td></td></tr>
<tr><td colspan="5">合计</td><td>100</td><td></td></tr>
<tr><td>自我评价</td><td colspan="6"></td></tr>
<tr><td>教师评价</td><td colspan="6"></td></tr>
</table>

电力电子电路的保护措施和控制电路

项目导读

随着科学技术的迅速发展，电气设备已经遍及人们日常生活和工业生产的各个领域，而这离不开电力电子电路的支持。在电力电子电路实际应用中，除了要合理选择电力电子器件的参数，还要采用合适的保护措施和控制电路，才能保证电力电子器件的安全、稳定、可靠运行，才能保证整个电力电子电路的工作性能。因此，掌握电力电子电路的保护措施和控制电路的基本知识是十分必要的。

本项目主要介绍电力电子电路的保护措施，以及 PWM 控制电路和软开关电路的基本知识和典型应用。

知识目标

- ✦ 了解电力电子电路的过电压、过电流保护措施，以及缓冲电路的基本知识。
- ✦ 掌握 PWM 控制电路的工作原理及分类。
- ✦ 了解 PWM 控制电路的典型应用。
- ✦ 掌握软开关电路的工作原理和分类。
- ✦ 了解软开关电路的典型应用。

技能目标

- ✦ 能分析 IGBT 的缓冲电路。
- ✦ 能测试单相桥式电压型 PWM 逆变电路。
- ✦ 能分析零电压开关准谐振电路。

素质目标

- ✦ 培养良好的职业习惯。
- ✦ 增强安全用电意识。

任务 6.1　分析电力电子电路的保护措施

任务引入

为保证电力电子电路的正常运行，通常会为其中的电力电子器件采取多种保护措施，以防止其损坏或误动作。例如，新能源汽车的行驶条件变化多端，需要其电驱动控制系统中的 IGBT 频繁地开通和关断，这会使 IGBT 承受过电压、过电流，以及过大的 du/dt 和 di/dt 。因此，为保证 IGBT 能安全、稳定、可靠地工作，各型新能源汽车的电驱动控制系统均设置有缓冲电路。

如图 6-1 所示为用于 IGBT 的三种缓冲电路，请分别分析它们的特点。

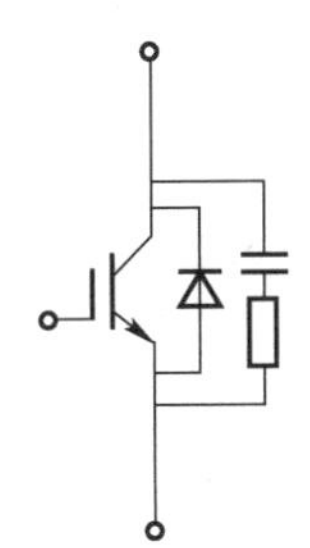
（a）*RC* 缓冲电路

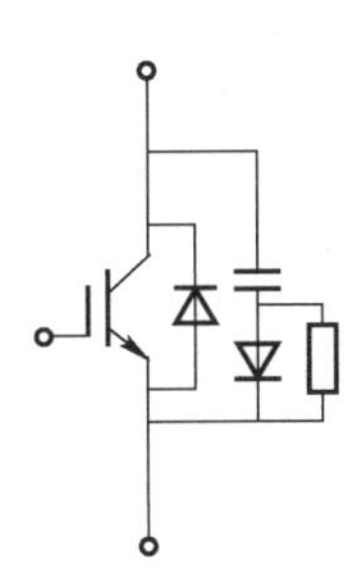
（b）充放电型 *RC*-VD 缓冲电路

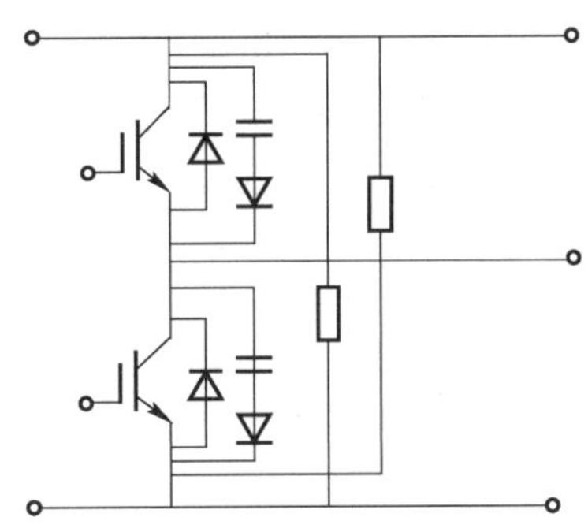
（c）放电阻止型 *RC*-VD 缓冲电路

图 6-1　用于 IGBT 的三种缓冲电路

本任务的知识与技能要求如表 6-1 所示。

表 6-1　知识与技能要求

任务内容	分析电力电子电路的保护措施	学习程度		
		识记	理解	应用
学习任务	过电压保护	●		
	过电流保护	●		
	缓冲电路	●		
实训任务	分析 IGBT 的缓冲电路			●
自我勉励				

任务工单——分析 IGBT 的缓冲电路

1. 知识准备

IGBT 的关断速度很快，会使电力电子电路产生很大的关断过电压，从而使 du/dt 变得很大。当 du/dt 超过 IGBT 的限值时，将会使 IGBT 因击穿而损坏。因此，为抑制 IGBT 关断过电压，需要采取一定的保护措施。

在 IGBT 上安装缓冲电路是一种常用的保护措施。IGBT 常用的缓冲电路有 *RC* 缓冲电路、充放电型 *RC*-VD 缓冲电路和放电阻止型 *RC*-VD 缓冲电路。

2. 任务实施

1）分析 *RC* 缓冲电路

RC 缓冲电路如图 6-1（a）所示。它在 IGBT 的集电极和发射极之间并联了一个 *RC* 串联支路，可吸收关断过电压并形成电位差，从而限制关断过电压的大小。

在 *RC* 缓冲电路中，由于 *RC* 串联支路在 IGBT 开通时将通过 IGBT 进行放电，增大了 IGBT 在开通时所承受的电流，而且储存在电容上的电能会被电阻以热能的形式消耗掉，电能损耗较大，因此 *RC* 缓冲电路通常用于小容量的电力电子电路。

2）分析充放电型 *RC*-VD 缓冲电路

如图 6-1（b）所示，相较于 *RC* 缓冲电路，充放电型 *RC*-VD 缓冲电路增加了一个与电阻并联的二极管，此时可增大电阻的阻值，以减小 IGBT 在开通时所承受的电流，同时提高对关断过电压的抑制能力。但是，充放电型 *RC*-VD 缓冲电路的电能损耗仍然很大，因此通常用于中等容量的电力电子电路。

3）分析放电阻止型 *RC*-VD 缓冲电路

放电阻止型 *RC*-VD 缓冲电路如图 6-1（c）所示，它能同时吸收同一桥臂上两个 IGBT 的关断过电压，可对 IGBT 的关断过电压进行有效抑制，且电能的损耗相对上述两种缓冲电路均要小，因此常用于中大容量的电力电子电路。

4）总结讲述

分别对 IGBT 的三种缓冲电路进行分析并总结陈述，指导教师对分析结果进行评价和补充。

创想天地

请查阅有关资料并分析：除了采用缓冲电路，IGBT 常用的过电压保护措施还有哪些？它们分别具有哪些特点？

3. 任务评价

请指导教师按照学生的实际表现情况进行评分，并将评分结果填入表 6-2 中。

表 6-2　考核评价表

评价项目	评价标准	满分/分	实际得分/分	指导教师评语
技能操作	能正确分析 *RC* 缓冲电路	20		
	能正确分析充放电型 *RC*-VD 缓冲电路	20		
	能正确分析放电阻止型 *RC*-VD 缓冲电路	20		
	总结陈述完整、正确	20		
参与程度	认真参加活动，积极思考，主动与同学、指导教师进行交流，善于发现和解决问题	10		
合作意识	积极参与探讨，勇于接受任务，敢于承担责任，团结协作，组织和协调能力强	10		
总分		100		

6.1.1 过电压保护

1. 产生过电压的原因

过电压是指超过规定限值的电压。在电力电子电路中，过电压主要是指超过电力电子器件规定限值的最大峰值电压。电力电子电路中的过电压会造成电力电子器件损坏，从而导致电力系统无法工作。产生过电压的原因主要如下。

（1）电力电子电路中电力电子器件的开通和关断或换相。

（2）电力电子电路中输入侧、输出侧的开通和关断操作（如分合闸、快速开关动作、熔断器熔断等），尤其是直流侧大电流、大电感和反电动势负载的分断。

（3）供电系统或邻近设备的操作不当和故障。

（4）雷电的作用。

2. 过电压的保护措施

电力电子电路的过电压保护主要是保护电力电子器件，主要措施有两种：① 通过优化电路系统设计和安装工艺，尽可能地防止过电压的产生；② 对出现的过电压进行抑制，将其限制在电力电子器件的规定限值内。

如图 6-2 所示为常见的电力电子电路过电压保护措施。其中，A 为避雷器，用于防止雷击过电压的产生；B 和 C 分别为变压器静电屏蔽和静电感应抑制电容器，主要用于防止静电感应过电压的产生；D 为 *RC* 阻尼电路，E 为整流式 *RC* 阻尼电路，G 为换相过电压阻尼电路，它们可通过电容吸收过电压，主要用于抑制操作过电压和换相过电压；F 和 H 分别为电压限制型电涌保护器和电压开关型电涌保护器，主要用于抑制瞬时过电压。对于这些过电压保护措施，可根据电力电子电路的工作性能、容量、应用环境等，有针对性地采取其中一种或多种。

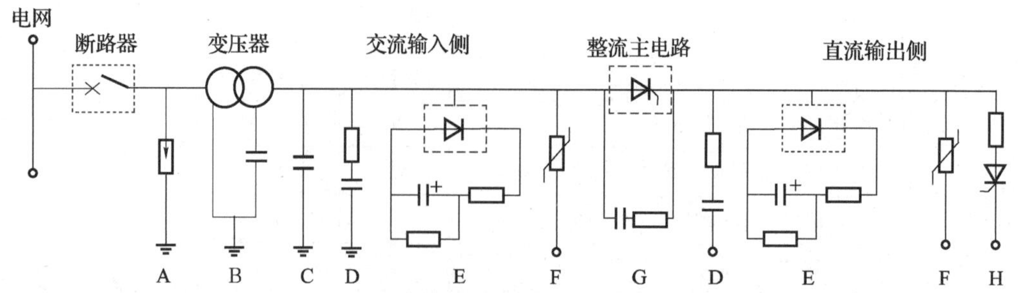

图 6-2　常见的电力电子电路过电压保护措施

电力电子电路的保护措施是保证电力系统设备安全、稳定、可靠运行的重要保障。安全用电是关系人民群众生命财产安全的大事。因此，在进行电力作业时，必须严格执行相关要求，规范操作，要始终坚守安全意识、规范意识，为自己负责也是为他人负责。

6.1.2　过电流保护

1. 产生过电流的原因

过电流是指超过规定限值的电流。电力电子电路过电流可导致电力电子器件误开通、击穿，或使可逆变换电路出现环流、逆变失败、过载等问题，从而损坏电气设备，甚至引发严重的安全事故。

产生过电流的原因主要如下。

（1）电路中存在过载、交流电源电压过高或过低、缺相运行等问题。

（2）电力电子器件故障，或线路绝缘层老化失效。

（3）控制电路、触发电路、驱动电路的故障，或干扰信号的侵入，使电力电子电路产生误动作。

（4）配线、接线错误等人为因素。

2. 过电流的保护措施

如图 6-3 所示为常见的电力电子电路过电流保护措施。其中，快速熔断器、直流快速断路器和过电流继电器是较为常用的过电流保护器件。电力电子电路一般会同时采用多种过电流保护措施，并使各种措施相互协调，以提高过电流保护的合理性和可靠性。

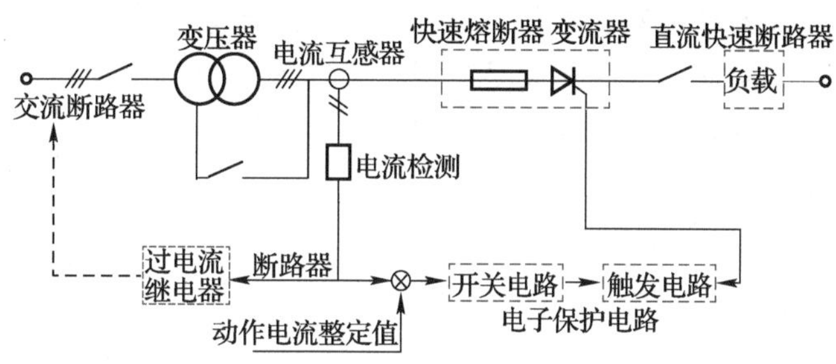

图 6-3　常见的电力电子电路过电流保护措施

采用多种过电流保护措施时，各过电流保护器件和过电流保护电路的动作顺序一般为：电子保护电路→直流快速断路器→过电流继电器→快速熔断器。

（1）电子保护电路：主要用于保护重要且易发生短路的晶闸管和各种全控型器件。当检测到过电流之后，它会调节触发电路或驱动电路，或直接关断被保护的电力电子器件，响应速度较快。

（2）直流快速断路器：在直流侧出现过电流时，直流快速断路器可先于快速熔断器动作，迅速切断电路，以保护负载，并避免快速熔断器熔断。

（3）过电流继电器：在交流侧或直流侧接入过电流继电器，当电力电子电路出现过电流时，可通过过电流继电器断开输入端的交流断路器，待故障排除后再通过复位交流断路器来恢复电路的正常工作。但由于过电流继电器和交流断路器的动作时间为几百毫秒，因此当过电流较大时过电流继电器不能有效保护电力电子器件。

（4）快速熔断器：电力电子电路中应用最广、效果最好的一种过电流保护器件。电力电子电路中多采用过电流信号控制触发脉冲的方法抑制过电流，同时配置快速熔断器，将快速熔断器作为过电流保护的最后一道屏障。快速熔断器可用于主电路电桥、交流侧和直流侧中，其连接方式如图 6-4 所示。

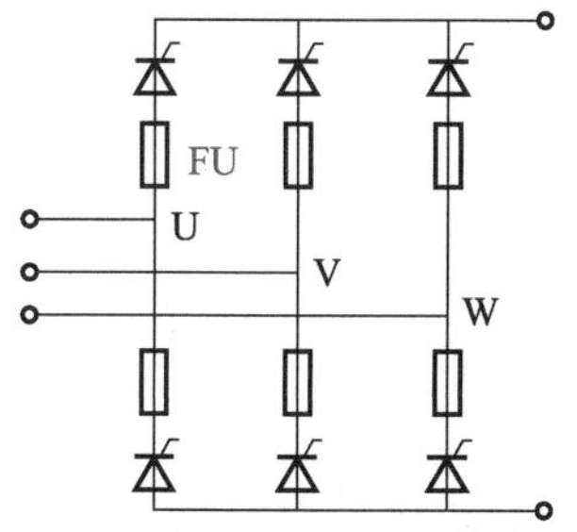

（a）电桥桥臂串接快速熔断器

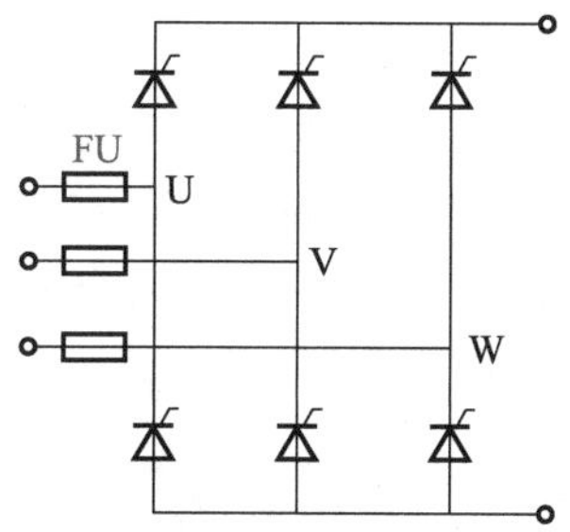

（b）交流侧接快速熔断器

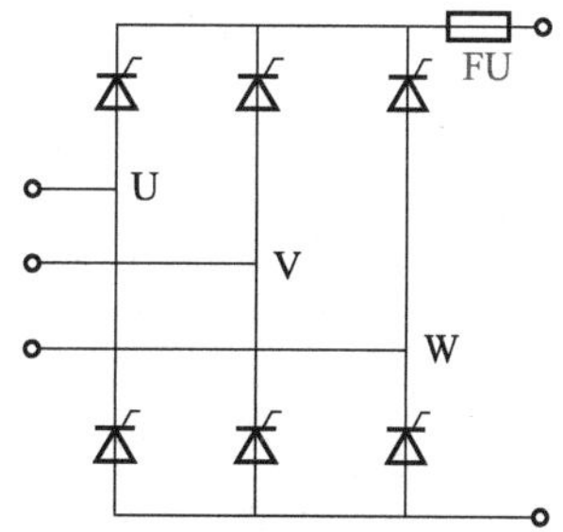

（c）直流侧接快速熔断器

图 6-4　快速熔断器的连接方式

点　拨

快速熔断器对电力电子器件的过电流保护方式有全保护和短路保护两种。其中，全保护对发生过载、短路的整个电路进行过电流保护，适用于小功率装置或器件电流裕度较大的场合；短路保护仅对发生短路的部分电路或器件进行过电流保护，只在短路电流较大的支路中起过电流保护作用。

6.1.3　缓冲电路

缓冲电路又称吸收电路，其作用是抑制由电力电子器件关断或换相产生的过电压、过电流以及过大的 du/dt 和 di/dt，并减小电力电子器件的开关损耗。

1．缓冲电路的分类

缓冲电路可按作用时刻、器件类型、能量去向等进行分类。

（1）根据作用时刻的不同，缓冲电路可分为关断缓冲电路和开通缓冲电路两种。其中，关断缓冲电路又称 du/dt 抑制电路，用于吸收器件的关断过电压和换相过电压，抑制 du/dt，减小器件的关断损耗；开通缓冲电路又称 di/dt 抑制电路，用于抑制器件开通时的过电流和 di/dt，减小器件的开通损耗。

点　拨

将关断缓冲电路与开通缓冲电路结合在一起的缓冲电路称为复合缓冲电路。

（2）根据器件类型的不同，缓冲电路可分为无源缓冲电路和有源缓冲电路两种。其中，无源缓冲电路由无源器件构成，不需要控制电路和驱动电路，结构较简单，应用较为广泛；有源缓冲电路包含无源器件、有源器件、控制电路和驱动电路，结构较复杂，应用较少。

（3）根据能量去向的不同，缓冲电路可分为耗能式缓冲电路和馈能式缓冲电路两种。在耗能式缓冲电路中，储能器件的能量消耗在电路中的吸收电阻上，电路结构简单，但是效率较低，适用于工作频率不高的场合；馈能式缓冲电路又称无损吸收电路，它能将储能器件的能量回馈给负载或电源，效率较高，但结构较复杂。

2．缓冲电路的工作原理

如图 6-5 所示为 GTR 的缓冲电路及其工作波形，下面以此为例来介绍缓冲电路的工作原理。

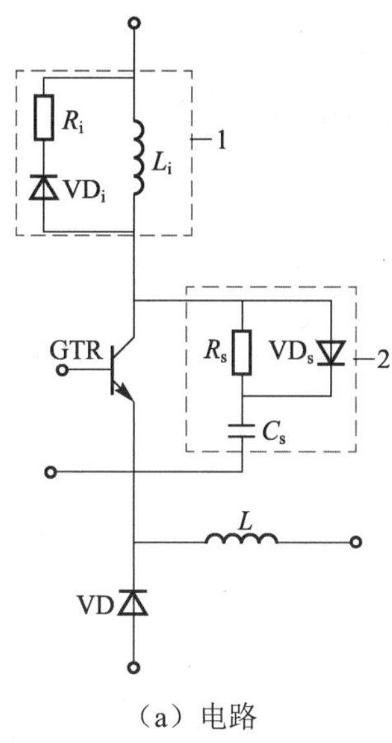

（a）电路

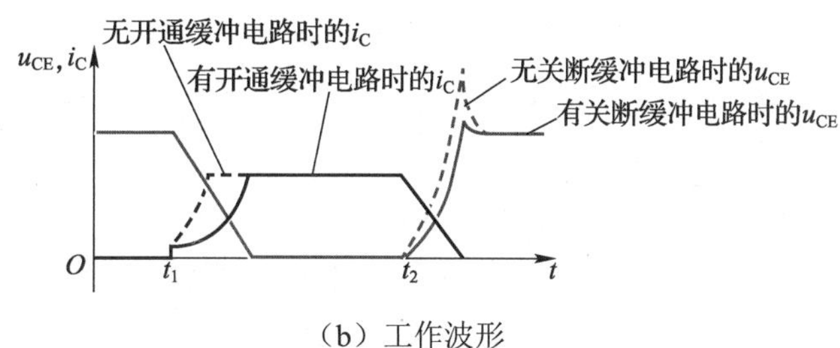

（b）工作波形

图 6-5　GTR 的缓冲电路及其工作波形

在图 6-5（a）中，框 1 为 GTR 的开通缓冲电路，框 2 为 GTR 的关断缓冲电路，它们的工作原理如下。

（1）当无开通缓冲电路时，GTR 在 t_1 时刻开通，随后 i_C 迅速增大，此时 di/dt 很大；当无关断缓冲电路时，GTR 在 t_2 时刻关断，du/dt 很大，并出现很高的关断过电压。

（2）当有开通缓冲电路和关断缓冲电路时，GTR 在 t_1 时刻开通，此时 C_S 通过 R_S 向 GTR 放电，使 i_C 先小幅增大，之后在 L_i 的抑制作用下 i_C 的增速减缓；GTR 在 t_2 时刻关断，此时负载电流通过 VD_S 向 C_S 充电，减轻了 GTR 的负担，并因 C_S 的电压不能突变而抑制了关断过电压和 du/dt 。

在图 6-5 中，由于开通缓冲电路中的电感在电力电子器件关断时需要释放能量，因此图 6-5（a）所示的电路仍会在 GTR 关断时出现一定的过电压。

任务 6.2 测试 PWM 控制电路

任务引入

PWM 控制电路通过控制开关器件的开通和关断时间，可使电力电子电路获得幅值不变而脉冲宽度可调的输出电压（或输出电流）。PWM 控制电路在逆变电路中的应用最为广泛，它能改变逆变电路的输出特性，使逆变电路输出交流电中的基波分量增大，谐波分量减小，从而提高输入直流电的利用率。其中，单相 PWM 逆变电路是 PWM 控制电路在逆变电路中的典型应用。

如图 6-6 所示为单相桥式电压型 PWM 逆变电路，请选择合适的工具和器材，连接并测试该电路，分析其基本参数并绘制其工作波形。

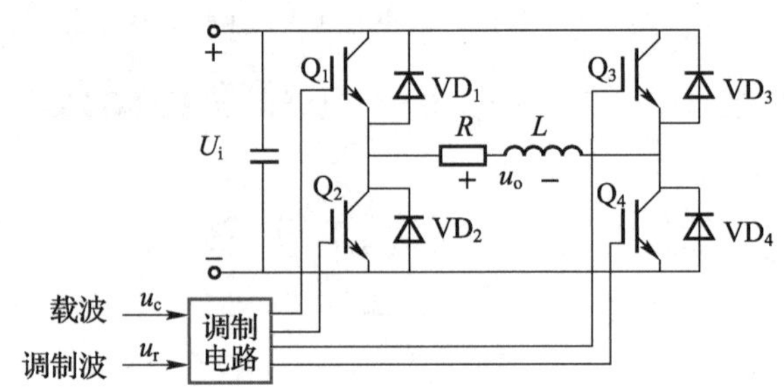

图 6-6 单相桥式电压型 PWM 逆变电路

本任务的知识与技能要求如表 6-3 所示。

表 6-3 知识与技能要求

任务内容	测试 PWM 控制电路	学习程度		
		识记	理解	应用
学习任务	PWM 控制电路的基本原理和分类		●	
	单相桥式电压型 PWM 逆变电路		●	
	三相桥式电压型 PWM 逆变电路		●	
实训任务	测试单相桥式电压型 PWM 逆变电路			●
自我勉励				

任务工单——测试单相桥式电压型 PWM 逆变电路

1．知识准备

测试单相桥式电压型 PWM 逆变电路

如图 6-7 所示为单相桥式电压型 PWM 逆变电路的测试电路。在图 6-7（b）所示的 PWM 信号发生器中，电路模块 1 输出三角形载波信号 u_c，电路模块 2 输出正弦调制信号 u_r，它们具体的波形变化如下。

u_c 和 u_r 经过比较电路模块调制后，产生由一系列等幅不等宽的矩形波组成的 PWM 信号 u_m，u_m 经触发器延时后得到一路 PWM1 信号，同时 u_m 还经反相器反相和触发器延时后形成一路与 u_m 相位相差 π 的 PWM2 信号。PWM1 信号和 PWM2 信号即主电路两组桥臂中 IGBT 的控制信号。

将 PWM 信号发生器的各端与主电路相连，通过调整 PWM 信号发生器输出信号的电压和频率，即可实现对主电路开关器件的开通和关断控制，从而使主电路输出理想的正弦电压 u_o。

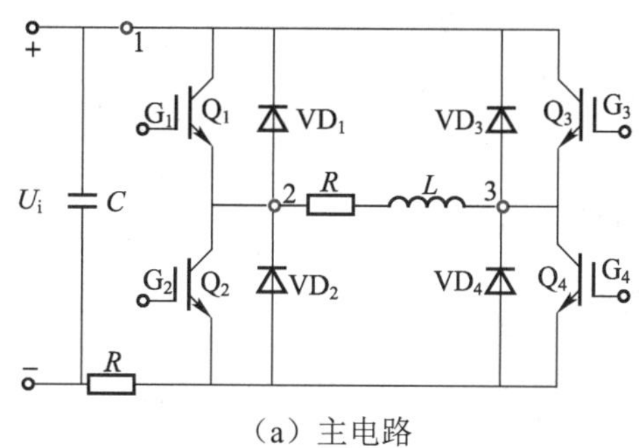

（a）主电路

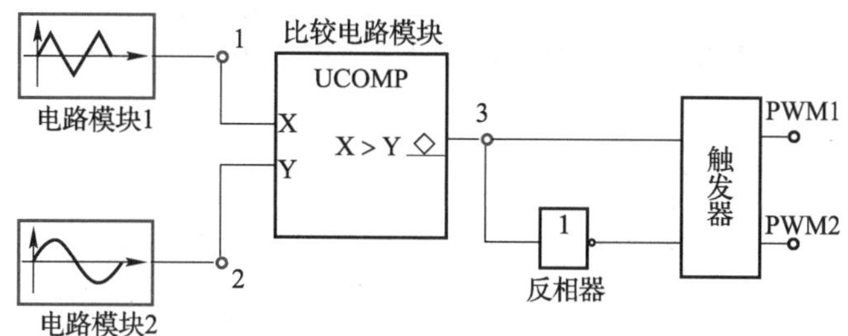

（b）PWM 信号发生器

图 6-7　单相桥式电压型 PWM 逆变电路的测试电路

2．工具和器材准备

准备任务实施所需的工具和器材，补全表 6-4。

表 6-4　工具和器材清单

名称	规格	型号	数量	名称	规格	型号	数量
直流稳压电源			1 路	电感			1 个
IGBT 模块			4 个	电容			1 个
PWM 信号发生器			1 台	电阻			2 个
数字万用表			1 台	导线			若干
示波器			1 台				
二极管			4 个				

3．任务实施

1）观察输入信号的波形

（1）观察 u_c 的波形：将示波器的探头与 PWM 信号发生器的“1”端相连，探头的接地端接地；调节 u_c 的频率，记录 u_c 的频率可调范围。

（2）观察 u_r 的波形：将示波器的探头与 PWM 信号发生器的“2”端相连，探头的接地端接地；调节 u_r 的频率，记录 u_r 的频率可调范围。

结论：

（1）u_c 的频率可调范围：________________________________。

（2）u_r 的频率可调范围：________________________________。

2）测试电路

选择合适的工具和器材，按图 6-7（a）连接电路。断开直流稳压电源的开关，在其输入端接入 220 V 的工频交流电，然后按以下步骤进行测试。

（1）将 PWM 信号发生器的“3”端与主电路的“1”端相连，将 u_r 的幅值调整到中间值。

（2）打开直流稳压电源的开关，调节 u_r 的频率，用示波器采集主电路“2”端和“3”端之间输出电压 u_o 的波形，并将 u_r 的频率、u_o 的幅值和频率填入表 6-5 中。

（3）操作结束后，关闭电源，拆除电路，按要求整理实验台。

表 6-5　单相桥式电压型 PWM 逆变电路的测试数据

u_r 的频率/Hz							
u_o 的频率/Hz							
u_o 的幅值/V							

结论：

随着 u_r 频率的增大，u_o 的幅值________（增大/减小/不变），u_o 的频率________（增大/减小/不变）。

创想天地

请查阅有关资料并分析：在如图 6-7 所示的单相桥式电压型 PWM 逆变电路的测试电路中，调整 PWM 信号发生器输出信号的幅值，主电路输出电压的幅值和频率会发生什么变化？

4. 任务评价

请指导教师按照学生的实际表现情况进行评分，并将评分结果填入表 6-6 中。

表 6-6　考核评价表

评价项目	评价标准	满分/分	实际得分/分	指导教师评语
技能操作	能正确使用示波器观察输入信号的波形	20		
	能正确连接单相桥式电压型 PWM 逆变电路的测试电路	20		
	能正确测试单相桥式电压型 PWM 逆变电路	30		
	测试完毕后能正确拆除电路，整理器材并归位	10		
参与程度	认真参加活动，积极思考，主动与同学、指导教师进行交流，善于发现和解决问题	10		
合作意识	积极参与探讨，勇于接受任务，敢于承担责任，团结协作，组织和协调能力强	10		
总分		100		

笔记

6.2.1 PWM 控制电路概述

1. PWM 控制电路的工作原理

如图 6-8 所示为 SPWM（sinusoidal PWM）波的形成过程，下面以此为例介绍 PWM 控制电路的工作原理。

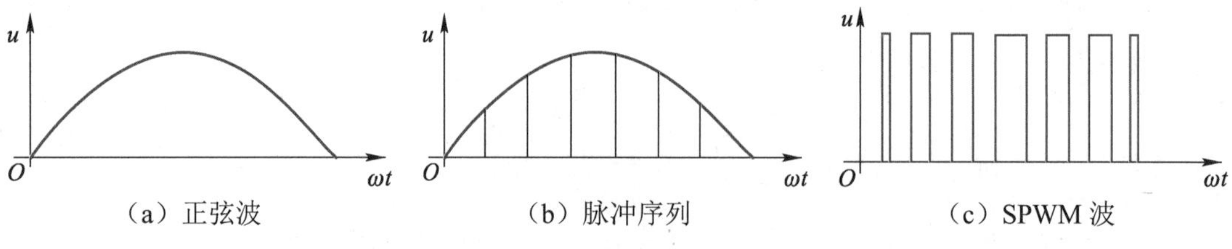

（a）正弦波　（b）脉冲序列　（c）SPWM 波

图 6-8　SPWM 波的形成过程

若将图 6-8（a）中半个周期的正弦波分成若干等宽的波形段，每段波形看作一个脉冲，则可形成由多个脉冲组成的脉冲序列，如图 6-8（b）所示。其中，每个脉冲的宽度相等，脉冲顶部为曲线，各脉冲的幅值按正弦规律变化。若把上述脉冲序列用同样数量、等幅不等宽的矩形脉冲序列代替，使各矩形脉冲的中点与相应正弦等宽脉冲的中点重合，并使两者的面积（冲量）相等，就可得到如图 6-8（c）所示的矩形脉冲序列，即 SPWM 波，其中各脉冲的宽度是按正弦规律变化的。根据冲量相等效果相同的原理，SPWM 波和正弦波等效。

由上述分析可知，PWM 控制电路是通过对一系列脉冲的宽度进行调制来获得所需等效波形的。因此，实现 PWM 控制的关键就在于确定各矩形脉冲的宽度，其方法主要有计算法和调制法两种。

1）计算法

计算法是根据输出正弦波的频率、幅值、半周期脉冲数等参数，通过计算确定 SPWM 波的各脉冲宽度和间隔的。这种方法由于计算结果会随着参数的变化而变化，因此应用较少。

2）调制法

调制法是将三角形载波与所需正弦波相比较来确定各矩形脉冲的宽度和间隔的。由于三角形载波上任意一点的水平宽度和高度成线性关系且左右对称，因此当将三角形载波与正弦波相交时，通过控制开关器件在交点处的开通和关断，即可得到一组脉冲宽度与正弦波幅值成正比的脉冲序列。

在采用 PWM 控制电路调制的电力电子电路中，一般将所需的输出信号称为调制波，如 SPWM 等；而用于调制波形的控制信号称为载波，如三角形波、锯齿波等；被

调制的原始信号称为基波，如正弦波。脉冲宽度调制即对信号的波形进行调制，得到所期望的 PWM 波的过程。

2．PWM 控制电路的分类

PWM 控制电路可按基波信号的波形、调制脉冲的极性、载波频率与调制波频率之间的关系等进行分类。

1）按基波信号的波形分类

根据基波信号波形的不同，PWM 控制电路可分为矩形波 PWM 控制电路、正弦波 PWM 控制电路等。其中，矩形波 PWM 控制电路的特点是其输出脉冲序列的脉冲宽度相等，且只能控制一定次数的谐波分量；正弦波 PWM 控制电路的特点是其输出脉冲序列的脉冲宽度按正弦规律变化，输出脉冲序列的波形即 SPWM 波。

2）按调制脉冲的极性分类

根据调制脉冲极性的不同，PWM 控制电路可分为单极性 PWM 控制电路和双极性 PWM 控制电路两种。其中，单极性 PWM 控制电路的载波在半个周期内只在一个方向变化，所得的 PWM 波也只在一个方向变化；双极性 PWM 控制电路的载波在半个周期内在两个方向变化，所得的 PWM 波也在两个方向变化。

3）按载波频率与调制波频率之间的关系分类

根据载波频率与调制波频率之间关系的不同，PWM 控制电路可分为异步调制 PWM 控制电路和同步调制 PWM 控制电路两种。

笔记

6.2.2　PWM 控制电路的典型应用

当采用 PWM 控制电路将逆变电路的输出电压变换为 SPWM 波时，逆变电路中的低次谐波分量将得到很好的抑制和消除，且高次谐波分量容易以其他方式滤除。这种逆变电路称为 PWM 逆变电路，它广泛应用于中小功率逆变的场合。

根据输入端电源性质的不同，PWM 逆变电路可分为电压型 PWM 逆变电路和电流型 PWM 逆变电路两种，其中电压型 PWM 逆变电路应用较多。下面分别对单相桥式电压型

PWM 逆变电路和三相桥式电压型 PWM 逆变电路进行介绍。

1．单相桥式电压型 PWM 逆变电路

以图 6-6 所示单相桥式电压型 PWM 逆变电路为例，该电路既可采用单极性控制方式，也可采用双极性控制方式。由于两种控制方式对开关器件开通和关断控制的规律不同，因此它们所对应的输出波形有较大的差别。

1）单极性控制方式

如图 6-9 所示为单极性控制方式下单相桥式电压型 PWM 逆变电路的工作波形。其中，载波 u_c 在正半周为正的等腰三角形波，在负半周为负的等腰三角形波；调制波 u_r 为正弦波，开关器件在 u_r 与 u_c 波形的交点处开通和关断，u_{of} 表示 u_o 的基波分量。

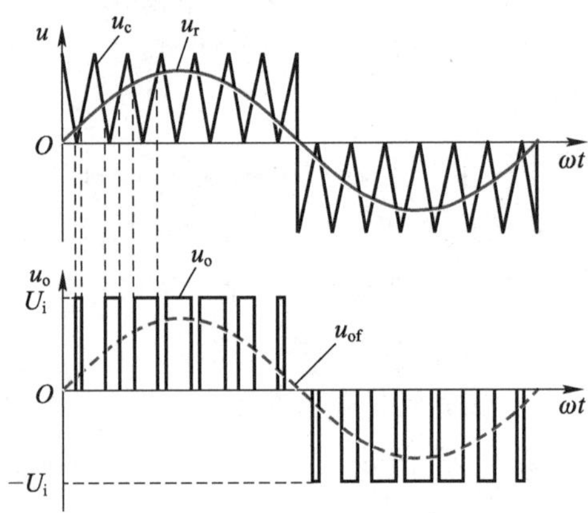

图 6-9　单极性控制方式下单相桥式电压型 PWM 逆变电路的工作波形

在单极性控制方式下，该逆变电路的工作原理具体如下。

（1）在 u_r 的正半周，Q_1 保持开通、Q_2 保持关断。当 $u_r > u_c$ 时，Q_3 关断、Q_4 开通，此时 $u_o = U_i$；当 $u_r < u_c$ 时，Q_3 开通、Q_4 关断，此时 $u_o = 0$。

（2）在 u_r 的负半周，Q_1 保持关断、Q_2 保持开通。当 $u_r < u_c$ 时，Q_3 开通、Q_4 关断，此时 $u_o = -U_i$；当 $u_r > u_c$ 时，Q_3 关断、Q_4 开通，此时 $u_o = 0$。

由于该逆变电路带阻感负载，因此当 Q_3（或 Q_4）关断时，i_o 将通过 VD_4（或 VD_3）续流，直至 i_o 减小为零，Q_4（或 Q_3）才会开通。在单极性控制方式下，由于 u_c 在 u_r 的半个周期内只在一个方向变化，因此单相桥式电压型 PWM 逆变电路输出的 SPWM 波也只能在一个方向变化。

2）双极性控制方式

如图 6-10 所示为双极性控制方式下单相桥式电压型 PWM 逆变电路的工作波形。其中，u_r 在一个周期内的变化规律与单极性控制方式下的相同，u_c 为在整个周期正、负两个方向变化的等腰三角形波。

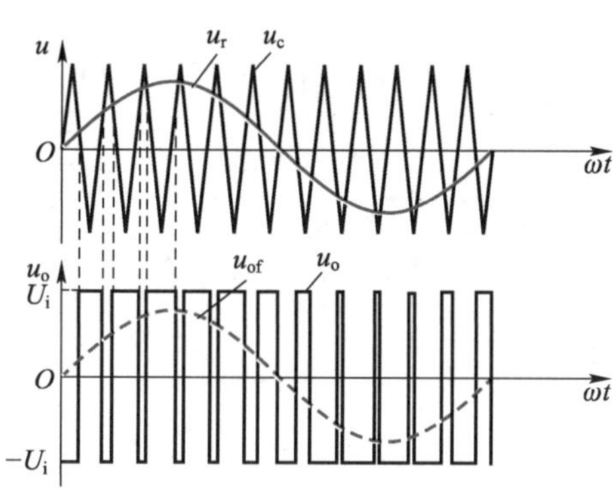

图 6-10　双极性控制方式下单相桥式电压型 PWM 逆变电路的工作波形

在双极性控制方式下，该逆变电路的工作原理具体如下。

（1）在 u_r 的正半周，当 $u_r > u_c$ 时，Q_1、Q_4 开通，Q_2、Q_3 关断，此时 $u_o = U_i$；当 $u_r < u_c$ 时，Q_1、Q_4 关断，Q_2、Q_3 开通，此时 $u_o = -U_i$。

（2）在 u_r 的负半周，当 $u_r < u_c$ 时，Q_1、Q_4 关断，Q_2、Q_3 开通，此时 $u_o = -U_i$；当 $u_r > u_c$ 时，Q_1、Q_4 开通，Q_2、Q_3 关断，此时 $u_o = U_i$。

由此可知，该逆变电路输出的 SPWM 波即图 6-10 中 u_o 的波形，它是在两个方向变化的等幅不等宽的脉冲序列。由于该逆变电路带阻感负载，因此当 Q_1、Q_4（或 Q_2、Q_3）关断时，i_o 将通过 VD_2、VD_3（或 VD_1、VD_4）续流，直至 i_o 减小为零，Q_2、Q_3（或 Q_1、Q_4）才会开通。

点　拨

在双极性控制方式下的单相桥式电压型 PWM 逆变电路中，上下两组桥臂的驱动信号是互补的。但在实际应用中，为避免上下两组桥臂同时开通而造成短路，通常在给一组桥臂施加关断信号后，会延迟一段时间再给另一组桥臂施加开通信号。延迟时间的长短取决于开关器件的关断时间。这个延迟时间会对电路输出的 SPWM 波形带来不利影响，使其与正弦波产生偏离。

2．三相桥式电压型 PWM 逆变电路

如图 6-11 所示为三相桥式电压型 PWM 逆变电路。其中，该电路所带负载为阻感负载，二极管 VD_1 ～ VD_6 可为阻感负载的换相提供续流通道。与单相桥式电压型 PWM 逆变电路不同，该逆变电路只能采用双极性控制方式。

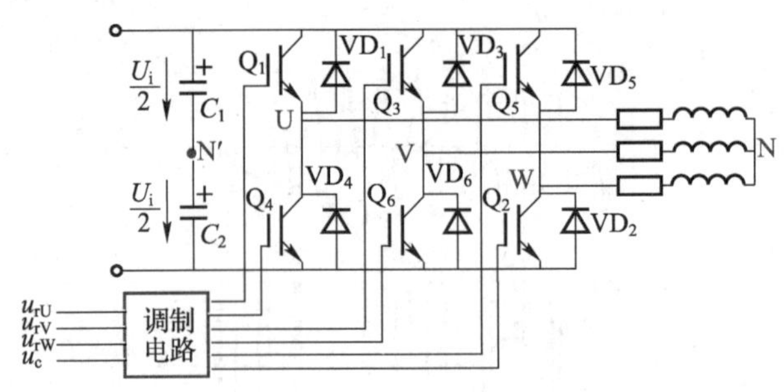

图 6-11　三相桥式电压型 PWM 逆变电路

如图 6-12 所示为三相桥式电压型 PWM 逆变电路的工作波形。其中，三相调制信号 u_{rU}、u_{rV} 和 u_{rW} 为幅值、频率相等但相位依次相差 $\frac{2\pi}{3}$ 的正弦波；u_c 表示三相公用载波信号，是正、负方向变化的等腰三角形波。U、V、W 各相电路的开关器件控制规律相同，下面以 U 相为例，介绍三相桥式电压型 PWM 逆变电路的工作原理。

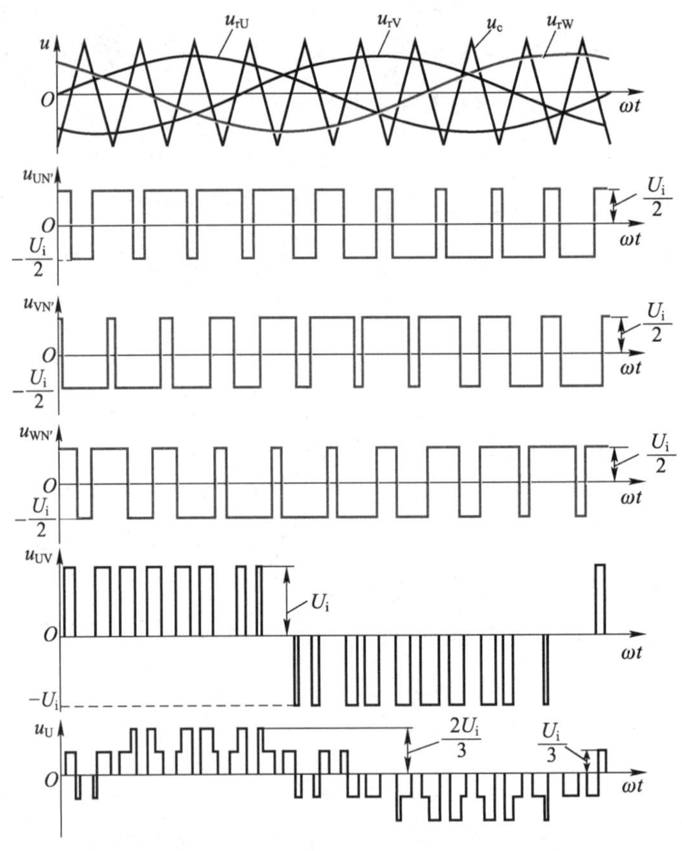

图 6-12　三相桥式电压型 PWM 逆变电路的工作波形

当 $u_{rU} > u_c$ 时，Q_1 开通、Q_4 关断，U 相相对于中性点 N′ 的输出电压为 $u_{UN'} = U_i/2$；当 $u_{rU} < u_c$ 时，Q_1 关断、Q_4 开通，$u_{UN'} = -U_i/2$。其他两相的工作原理与 U 相相同。

三相桥式电压型 PWM 逆变电路三相输出的 SPWM 波分别为$u_{UN'}$、$u_{VN'}$、$u_{WN'}$，U、V 和 W 三相之间线电压u_{UV}、u_{VW}、u_{WU}的计算公式为

$$\begin{cases} u_{UV} = u_{UN'} - u_{VN'} \\ u_{VW} = u_{VN'} - u_{WN'} \\ u_{WU} = u_{WN'} - u_{UN'} \end{cases} \tag{6-1}$$

头脑风暴

请参照上述分析方法，对三相桥式电压型 PWM 逆变电路线电压u_{UV}和相电压u_{U}的波形进行分析。

笔记

任务 6.3 分析软开关电路

任务引入

电力电子器件的高频化使电力电子装置的小型化和轻量化成为可能。然而，若不改变开关器件的开关方式，仅提高开关器件的开关频率，则会使开关器件出现开关损耗增大、效率下降、发热严重等问题，同时还会使其产生的电磁干扰增大，从而出现电磁兼容的问题。因此，电力电子装置普遍采用软开关电路来解决上述问题。

如图 6-13 所示为零电压开关准谐振电路，它是一种基础的软开关电路。请分析该电路的工作特点。

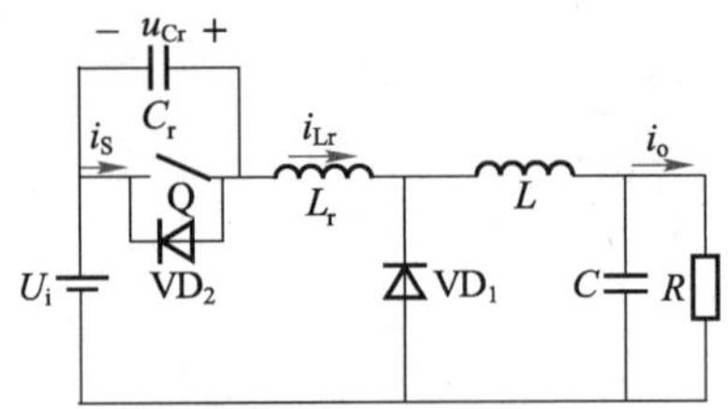

图 6-13　零电压开关准谐振电路

本任务的知识与技能要求如表 6-7 所示。

表 6-7　知识与技能要求

任务内容	分析软开关电路	学习程度		
		识记	理解	应用
学习任务	软开关电路的工作原理和分类		●	
	零电压开关准谐振电路	●		
	谐振直流环节电路	●		
实训任务	分析零电压开关准谐振电路			●
自我勉励				

任务工单——分析零电压开关准谐振电路

1. 知识准备

在电力电子电路中，若使开关器件两端的电压在其开通和关断前为零，则开关器件在开通和关断过程中就不会产生损耗和噪声，这种开通方式称为零电压开关。零电压开关一般是通过谐振电路实现的，谐振电路通常由串、并联在主开关电路中的谐振电感、谐振电容、辅助开关器件等谐振元件组成，谐振元件只参与能量变换的某个阶段，而不是全过程；谐振电路输出电压或输出电流的波形为正弦半波。

如图 6-13 所示，零电压开关准谐振电路主要由主开关器件 Q、续流二极管 VD_1、谐振电感 L_r、谐振电容 C_r 和与 Q 反向并联的二极管 VD_2 组成。假设该电路中的所有元件均为理想元件，L 足够大且 $L \gg L_r$，输出电流 i_o 在一个开关周期内基本保持不变，则 L、C 及 R 的组合电路可看作一个恒流源。当 Q 处于闭合状态时，VD_1 不开通，C_r 两端的电压 u_{Cr} 为零，Q 可实现零电压关断，且 Q 在关断后其两端的电压增速会在 C_r 的作用下减缓，从而减小了关断损耗。

2. 任务实施

1）分析零电压开关准谐振电路的谐振过程

在零电压开关准谐振电路中，当 Q 关断后，L_r 和 L 向 C_r 充电，u_{Cr} 逐渐增大，u_{VD1} 逐渐减小。当 u_{VD1} 减小为零时，VD_1 开通，L 通过 VD_1 续流，L_r、C_r 和 U_i 形成了谐振回路，L_r 向 C_r 充电，u_{Cr} 继续增大，通过 L_r 的电流 i_{Lr} 逐渐减小。当 i_{Lr} 减小为零时，u_{Cr} 达到谐振峰值，然后 C_r 向 L_r 放电，i_{Lr} 开始反向增大，u_{Cr} 开始减小，直至 $u_{Cr}=U_i$ 时，i_{Lr} 达到反向谐振峰值。之后，L_r 向 C_r 反向充电，u_{Cr} 继续减小，直至减小为零。

2）分析零电压开关准谐振电路的零电压开通过程

u_{Cr} 减小为零之后，VD_2 开通，将 u_{Cr} 钳位为零，此时 L_r 两端的电压 $u_{Lr}=U_i$，i_{Lr} 逐渐减小为零。由于 Q 两端的电压在这一阶段为零，Q 在这一阶段开通可实现零电压开通。

3）总结讲述

分别对零电压开关准谐振电路进行分析并总结陈述，指导教师对分析结果进行评价并补充。

3. 任务评价

请指导教师按照学生的实际表现情况进行评分，并将评分结果填入表 6-8 中。

表 6-8　考核评价表

评价项目	评价标准	满分/分	实际得分/分	指导教师评语
技能操作	能正确分析零电压开关准谐振电路的谐振过程	30		
	能正确分析零电压开关准谐振电路的零电压开通过程	30		
	总结陈述完整、正确	20		
参与程度	认真参加活动，积极思考，主动与同学、指导教师进行交流，善于发现和解决问题	10		
合作意识	积极参与探讨，勇于接受任务，敢于承担责任，团结协作，组织和协调能力强	10		
总分		100		

6.3.1　软开关电路概述

目前，电力电子电路中的开关器件一般采用硬开关和软开关两种开关方式：开关器件在承受高电压或大电流情况下的开通和关断称为硬开关，开关器件在承受零电压或零电流情况下的开通和关断称为软开关。

1. 软开关电路的工作原理

开关器件由于在实际应用中不是理想器件，其开关状态的变化需要一个过程，所承受的电压和通过的电流存在重叠区。硬开关电路的工作波形如图 6-14 所示。因此，开关器件在硬开关方式下的开通和关断会产生较大的损耗。当电力电子电路的工作频率一定时，开关器件开通、关断一次的损耗是恒定的，因此开关器件的开关频率越高，开关损耗就越大，这就限制了开关频率的提高，也不利于电力电子装置的小型化和轻量化。相比之下，软开关在零电压或零电流条件下开通、关断，可使开关器件的开关损耗明显减小，适用于高开关频率和宽控制带宽的场合，因此在电力电子装置中的应用较为广泛。

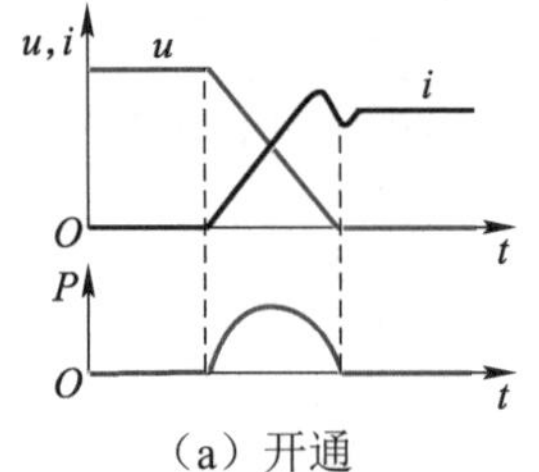

（a）开通

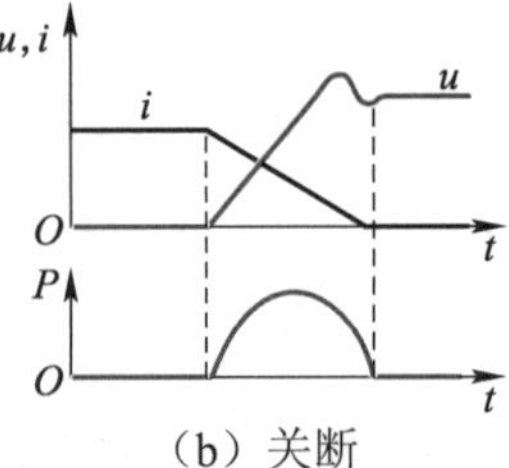

（b）关断

图 6-14　硬开关电路的工作波形

在开关器件上加设谐振电路，可在其开关过程前后引入谐振，使开关器件在开通前承受的电压先降为零，或在关断前使通过的电流先降为零，如此即可避免开关器件在开关过程中产生电压和电流重叠区，减小 du/dt 或 di/dt，从而大幅减小甚至消除开关损耗，这样的电路称为软开关电路，其工作波形如图 6-15 所示。

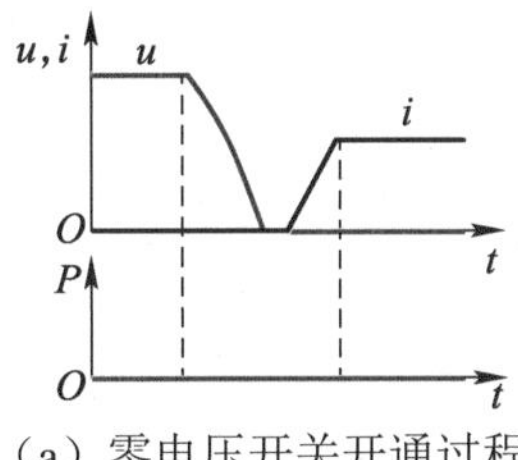

（a）零电压开关开通过程

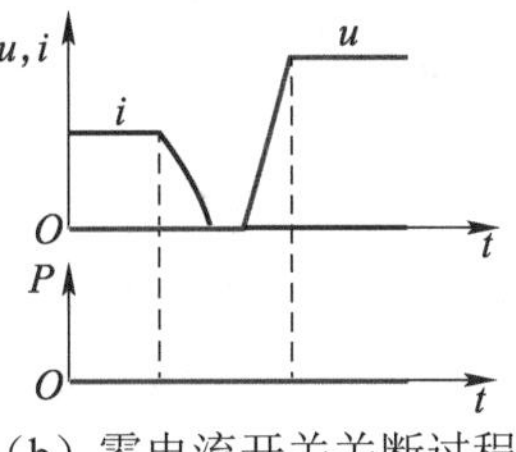

（b）零电流开关关断过程

图 6-15　软开关电路的工作波形

在很多情况下，软开关电路不再区分开通或关断，而将这两个过程分别称为零电压开关和零电流开关。

2．软开关电路的分类

软开关电路可分为准谐振电路、零开关 PWM 电路和零转换 PWM 电路三种。

1）准谐振电路

准谐振电路可分为零电压开关准谐振电路、零电流开关准谐振电路、零电压开关多谐振电路、谐振直流环节电路等。如图 6-16 所示为准谐振电路的基本开关单元。

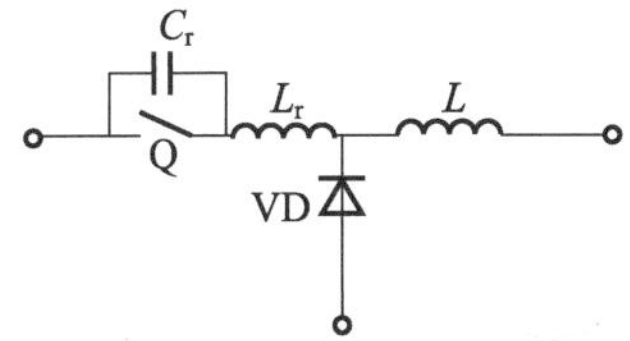

（a）零电压开关准谐振电路的基本开关单元

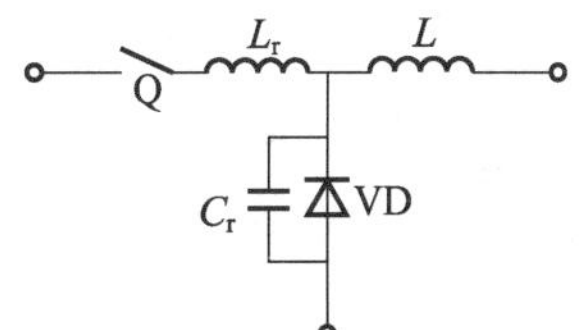

（b）零电流开关准谐振电路的基本开关单元

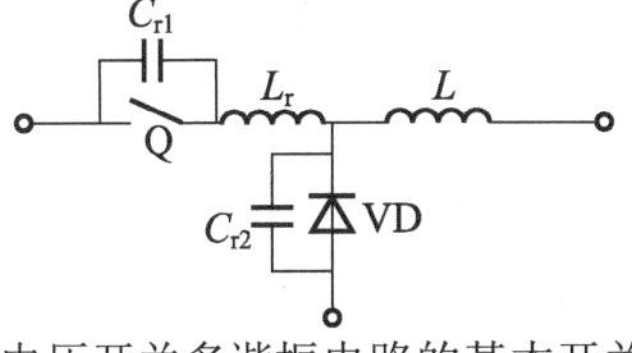

（c）零电压开关多谐振电路的基本开关单元

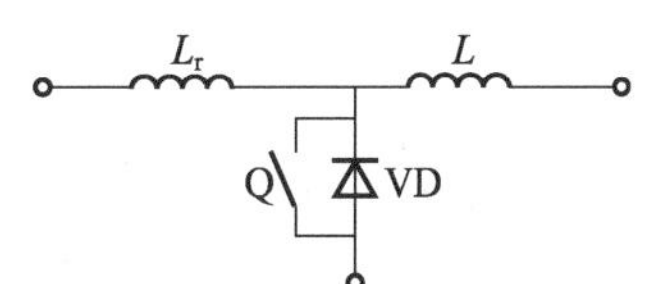

（d）谐振直流环节电路的基本开关单元

图 6-16　准谐振电路的基本开关单元

准谐振电路在电力电子电路中引入了谐振过程，能大幅减小开关器件的开关损耗，但谐振过程会使主开关器件所承受的峰值电压增大，这对开关器件的耐压性要求较高；谐振过程还会使通过主开关器件电流的有效值增大，从而使电路中存在大量无功功率的交换，导致电路的开通损耗增大。此外，准谐振电路由于谐振周期会随输入电压和负载的变化而变化，因此不能采用 PWM 控制方式，这会增加电路的设计难度。

准谐振电路仅适用于小功率、低电压且对体积和重量要求比较严格的场合。

2）零开关 PWM 电路

零开关 PWM 电路在准谐振电路的基础上增加了辅助开关，辅助开关的作用是控制谐振过程的开始时刻，使谐振仅发生在开关过程前后，从而实现主开关器件的零电压开通或零电流关断。这种软开关电路的优点是主开关器件电压和电流的波形基本为方波，电路可采用频率固定的 PWM 控制方式。零开关 PWM 电路可分为零电压开关 PWM 电路和零电流开关 PWM 电路两种，它们的基本开关单元如图 6-17 所示，其中 Q_1 为辅助开关。

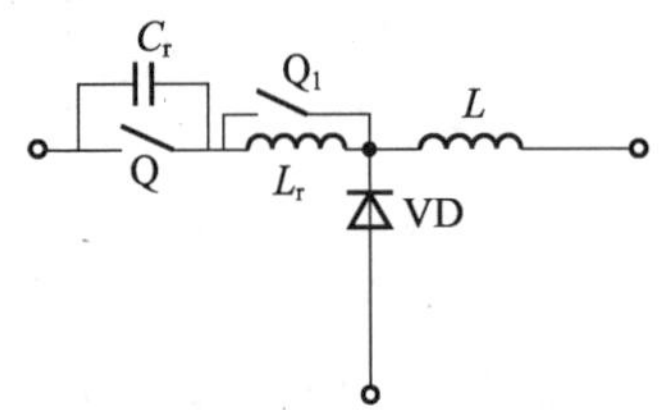

（a）零电压开关 PWM 电路的基本开关单元

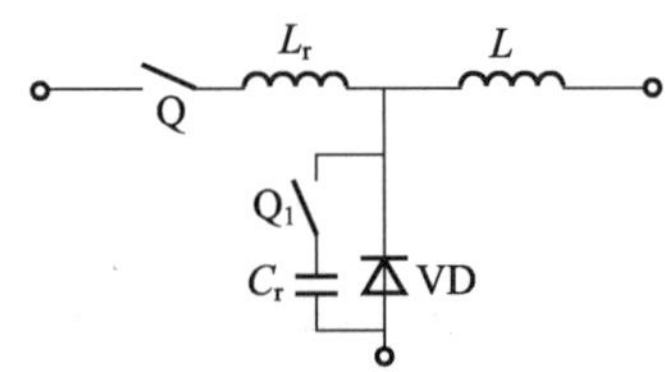

（b）零电流开关 PWM 的基本开关单元

图 6-17　零开关 PWM 电路的基本开关单元

由于零开关 PWM 电路中的 L_r 与主电路串联，因此该电路的损耗较大，且电路中的开关器件会承受很高的峰值谐振电压，因此零开关 PWM 电路通常用于小功率、低电压且对体积和重量要求比较严格的场合。

3）零转换 PWM 电路

零转换 PWM 电路是在零开关 PWM 电路的基础上发展而来的，它仍通过引入辅助开关来控制谐振过程的开始时刻。零转换 PWM 电路可分为零电压转换 PWM 电路和零电流转换 PWM 电路两种，它们的基本开关单元如图 6-18 所示。

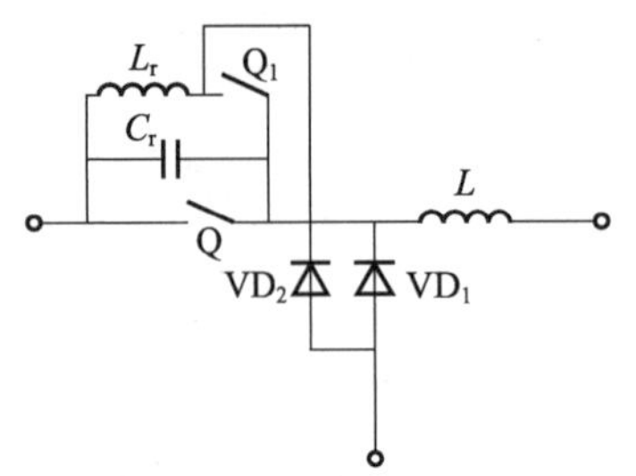

（a）零电压转换 PWM 电路的基本开关单元

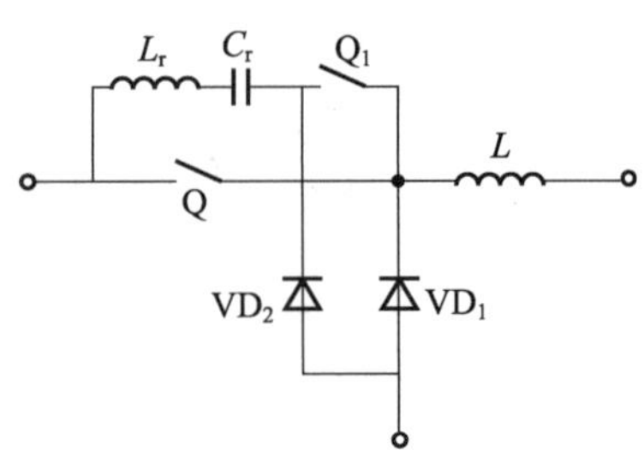

（b）零电流转换 PWM 电路的基本开关单元

图 6-18　零转换 PWM 电路的基本开关单元

零转换 PWM 电路的辅助开关仅在主开关器件开通和关断时工作，其他时间不工作，

同时该电路由于 L_r 与主电路并联，电路的损耗较小，且输入电压和负载电流对谐振过程的影响很小，因此能在很宽的输入电压范围内正常工作，广泛应用于大功率场合。

6.3.2　软开关电路的典型应用

下面主要介绍零电压开关准谐振电路和谐振直流环节电路这两种典型的软开关电路。

1. 零电压开关准谐振电路

如图 6-13 所示为零电压开关准谐振电路，其工作波形如图 6-19 所示。为简化分析过程，将该电路中的电力电子器件视为理想器件，并以 Q 的关断时刻（t_0）为时间起点。

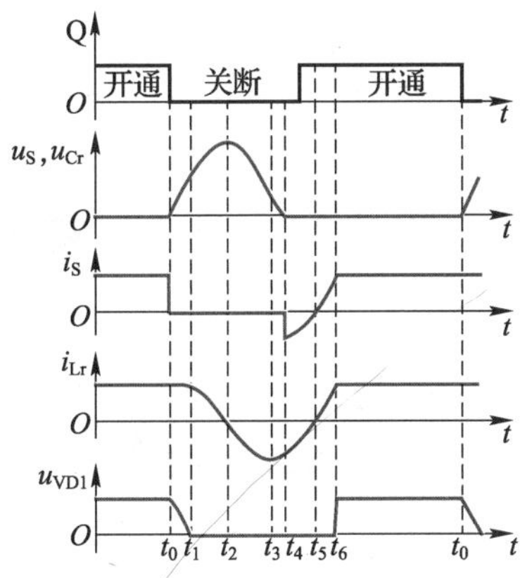

图 6-19　零电压开关准谐振电路的工作波形

零电压开关准谐振电路在一个周期内的工作过程如下。

（1）$t_0 \sim t_1$ 区间：C_r 充电，Q 零电压关断。在 t_0 时刻前，Q 为通态，VD_1 为断态。在 t_0 时刻，Q 关断，由于此时 $u_{Cr}=0$，$u_S=0$，因此 Q 为零电压关断。在 t_0 时刻之后，由于 VD_1 还未开通，因此 L_r 和 L 共同为 C_r 充电，u_{Cr} 线性增大，u_{VD1} 逐渐减小。

（2）$t_1 \sim t_2$ 区间：C_r 和 L_r 谐振。在 t_1 时刻，$u_{VD1}=0$，VD_1 开通，L 通过 VD_1 续流，C_r、L_r 和 U_i 构成谐振回路。此时，L_r 向 C_r 充电，u_{Cr} 按正弦规律增大，i_{Lr} 按正弦规律减小；直至 t_2 时刻 i_{Lr} 减小为零，u_{Cr} 达到谐振峰值。

（3）$t_2 \sim t_3$ 区间：C_r 和 L_r 谐振。在 t_2 时刻之后，C_r 向 L_r 放电，u_{Cr} 逐渐减小，i_{Lr} 反向增大，直至 t_3 时刻 $u_{Cr}=U_i$，$u_{Lr}=0$，i_{Lr} 达到反向谐振峰值。

（4）$t_3 \sim t_4$ 区间：C_r 和 L_r 谐振。在 t_3 时刻之后，L_r 释放电能并为 C_r 反向充电，u_{Cr} 继续减小，直至 t_4 时刻 u_{Cr} 减小为零。

（5）$t_4 \sim t_5$ 区间：L_r 放电，Q 零电压开通。在 t_4 时刻之后，VD_2 开通，将 u_{Cr} 钳位为零；此时 $u_{Lr}=U_i$，L_r 放电，i_{Lr} 反向减小，直至 t_5 时刻 i_{Lr} 减小为零，Q 开通。由于在该区

间 $u_S = 0$，因此Q的开通为零电压开通。

（6）t_5～t_6 区间：Q为通态，L_r 充电，i_{Lr} 随时间线性增大；直至 t_6 时刻 $i_{Lr} = I_L$，VD_1 关断。

之后，该电路将重复上述工作过程。

笔记

2．谐振直流环节电路

如图6-20所示为谐振直流环节电路及其工作波形，该电路常用于交-直-交变频电路的中间直流环节，通过在中间直流环节引入谐振元件 L_r 和 C_r，可使输入直流电压变换为脉冲电压与零电压交替出现的高频谐振电压，从而使逆变电路的桥臂实现零电压开关。由于逆变电路常带阻感负载，且阻感负载上电流的变化比谐振过程慢得多，因此负载电流可视为常量 I_o。

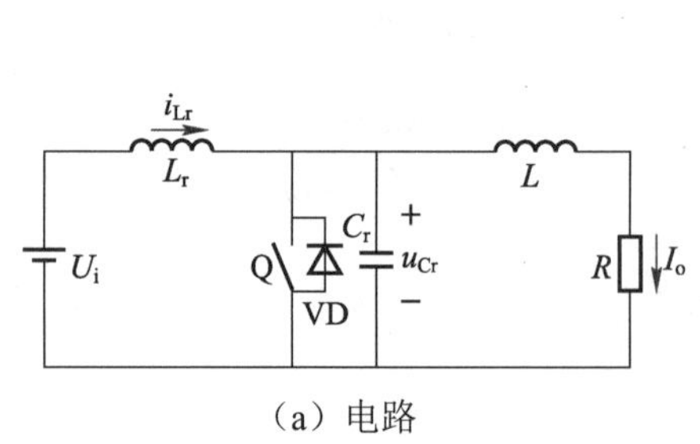

（a）电路

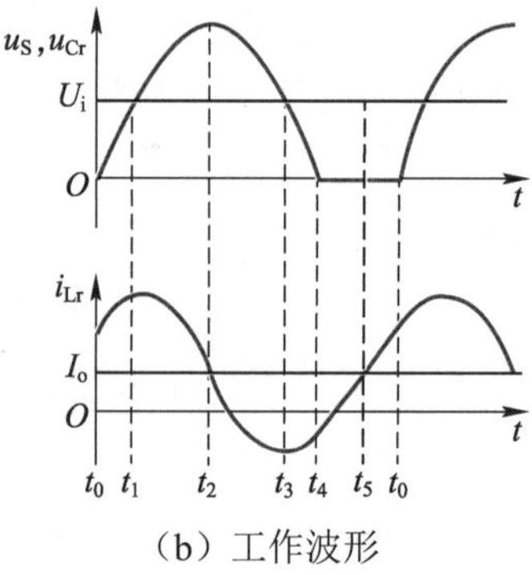

（b）工作波形

图6-20　谐振直流环节电路及其工作波形

谐振直流环节电路的工作过程具体如下。

（1）t_0～t_1 区间。在 t_0 时刻前，Q为通态，VD为断态，此时 $i_{Lr} > I_o$。在 t_0 时刻，$u_S = 0$，Q零电压关断，L_r 和 C_r 谐振，L_r 释放电能并为 C_r 充电，i_{Lr} 和 u_{Cr} 均增大。直至 t_1 时刻，i_{Lr} 达到峰值，$u_{Cr} = U_i$。

（2）t_1～t_2 区间。t_1 时刻之后，L_r 继续为 C_r 充电，i_{Lr} 逐渐减小，u_{Cr} 持续增大。直至 t_2 时刻，$i_{Lr}=I_o$，u_{Cr} 达到谐振峰值。

（3）t_2～t_3 区间。在 t_2 时刻之后，C_r 释放电能并为 L_r 反向充电，i_{Lr} 逐渐减小并在过零后反向增大，u_{Cr} 逐渐减小。直至 t_3 时刻，$u_{Cr}=U_i$，i_{Lr} 达到反向谐振峰值。

（4）t_3～t_4 区间。在 t_3 时刻之后，i_{Lr} 反向减小，u_{Cr} 持续减小。直至 t_4 时刻，$u_{Cr}=0$，VD 开通，u_{Cr}、u_S 被钳位于零。

（5）t_4～t_5 区间。I_o 一部分经 VD 续流，i_{Lr} 线性上升，在这段时间内开通 Q 不会产生开通损耗，Q 零电压开通，i_{Lr} 继续线性增大，直至 t_5 时刻 $i_{Lr}=I_o$。

到 t_0 时刻，Q 关断，该电路将重复上述工作过程。在 t_4～t_5 区间，直流母线电压被钳位为零，若此时逆变电路桥臂上的开关器件进行换相，则可实现零电压开通或关断。

谐振直流环节电路中谐振电压的峰值很高，对开关器件的耐压性要求较高。

综合测试

1．填空题

（1）快速熔断器对电力电子器件的保护方式有__________和__________两种。

（2）根据作用时刻的不同，缓冲电路分为__________电路和__________电路。

（3）根据器件类型的不同，缓冲电路可分为__________电路和__________电路。

（4）根据能量去向的不同，缓冲电路可分为__________缓冲电路和__________缓冲电路。

（5）根据基波信号波形的不同，PWM 技术可分为__________________和__________________。

（6）根据调制脉冲极性的不同，PWM 技术可分为__________________和__________________。

（7）根据载波频率与调制波频率之间关系的不同，PWM 技术可分为__________和__________。

（8）开关器件在承受很高电压或大电流情况下的开通、关断称为__________。而开关器件在承受零电压或零电流情况下的开通、关断称为__________。

（9）根据开关器件开通和关断时电压、电流的状态，软开关电路可分为__________和__________两种。

2．判断题

（1）当电流较大时，过电流继电器可有效地保护电力电子器件。（ ）

（2）馈能式缓冲电路能将储能器件的能量回馈给负载或电源，其电路结构复杂但效率高。（ ）

（3）PWM 控制电路是通过对一系列脉冲宽度进行调制，来等效地获得所需要波形（含形状和幅值）的电路。（　　）

（4）三相桥式电压型 PWM 逆变电路既可采用单极性控制方式，又可采用双极性控制方式。（　　）

（5）在开关器件开通前，使其两端的电压为零，则开关器件开通时不再产生损耗和噪声，这种开通方式称为零电流开通。（　　）

（6）零电压开关准谐振电路的谐振电压峰值很高，因此开关器件的耐压性必须提高，这将增加电路成本，降低电路工作的可靠性。（　　）

3．综合题

（1）产生过电流的原因有哪些？

（2）根据基波信号波形的不同，PWM 控制电路可分为哪几种？

（3）零开关 PWM 电路是如何控制主开关器件零电压开通或零电流关断的？

学习成果评价

指导教师对学生的实际学习成果进行评价，学生配合指导教师共同完成表 6-9。

表 6-9　学习成果评价

班级		组号		日期	
姓名		学号		指导教师	
学习成果名称	电力电子电路的保护措施和控制电路				
评价项目	评价内容	评价方式	满分/分	评分/分	
知识（40%）	过电压保护、过电流保护和缓冲电路	理论测试	6		
	PWM 控制电路的工作原理及分类		4		
	单相桥式电压型 PWM 控制电路		7		
	三相桥式电压型 PWM 控制电路		7		
	软开关电路的工作原理和分类		4		
	零电压开关准谐振电路		6		
	谐振直流环节电路		6		
技能（40%）	分析 IGBT 的缓冲电路	实践操作	10		
	测试单相桥式电压型 PWM 逆变电路		15		
	分析零电压开关准谐振电路		15		

（续表）

评价项目	评价内容	评价方式	满分/分	评分/分
素养（20%）	积极参加教学活动，主动学习、思考、讨论	综合评判	6	
	认真负责，按时完成学习、实践任务		4	
	团结协作，与同学之间密切配合		4	
	服从指挥，遵守课堂和实训室纪律		4	
	守正创新，自信自强		2	
合计			100	
自我评价				
教师评价				

参考文献

[1] 贺益康，潘再平．电力电子技术［M］．3 版．北京：科学出版社，2018．

[2] 周渊深，宋永英，吴迪．电力电子技术［M］．3 版．北京：机械工业出版社，2016．

[3] 汪槱生，徐德鸿，马皓．电力电子技术［M］．北京：科学出版社，2006．

[4] 刘燕．电力电子技术［M］．北京：机械工业出版社，2020．

[5] 廖东初．电力电子技术［M］．武汉：华中科技大学出版社，2007．

[6] 刘进军，王兆安．电力电子技术［M］．6 版．北京：机械工业出版社，2022．

[7] 徐立娟．电力电子技术［M］．3 版．北京：人民邮电出版社，2020．